グループワークによる
情報リテラシ 第2版

Information Literacy Attained Through Group Works

情報の収集・分析から，論理的思考，
課題解決，情報の表現まで

［編著］
魚田　勝臣

［著］
渥美　幸雄
植竹　朋文
大曽根　匡
関根　　純
永田奈央美
森本　祥一

共立出版

第 2 版のまえがき

　皆さんは本書のテーマ「情報リテラシ」を何とお考えでしょうか？

　スマホやパソコンの知識や使い方だと思っていませんか？

　そうだとすると，スマホやパソコンは問題を解決してくれますか？　答えは否だと思います．

　情報リテラシは，個人やグループの情報活動についてのリテラシ（活用能力）であって，それには，

> 「問題の発見，情報の収集・分析，論理的な思考，解決策の創出，説得力のある発表，わかり
> やすいレポートの作成」

などが含まれます．経済産業省が 2006 年から提唱している「社会人基礎力」の情報活動に相当するもので，実社会ではこのような能力が求められます．スマホやパソコンは，これらの活動を便利に能率よく行うための道具として重要ですが，問題を発見し解決するのは，人つまりわれわれ自身です．

　本書の第一の特徴は，実社会における問題の発見と解決のための科学的な考え方と方法を組織だって学べることにあります．とくに，知識を覚えることより「考えること」に重点をおいています．第二の特徴は，本書を通じて「ゴミ問題の解決」をテーマに，情報リテラシを実践的に学習していくことです．しかも，チームを組んでグループワークとして皆で考えて解決していきます．衆知を集めることがより良い結論を導くために大切と言われています．そのため議論することに重点を置いています．日頃から身近に感じられるテーマについて，問題を見つけ，分析し考察して，解決するように仕組んであるので，楽しく読み進めることができます．また，図や表をふんだんに採り入れ，簡潔な文章で説明しています．それとともに，役立つ情報やおもしろい雑学を「コラム」に掲載して息抜きができるように工夫しました．

　すべての活動は，報告や議論をして締めくくるのが鉄則です．そのため本書では，プレゼンテーションとディベートにも力を入れています．プレゼンテーションでは，グループワークの成果を発表するスライドの完成版を掲載してあります．一方，ディベートは，情報リテラシを総合して駆使し優劣を競う「華の討論会」です．第 2 版では，新たに第 9 章を設けて，本書で学んだ学生が，自分たちで準備実行したディベートの一部始終を収録掲載しました．これには立論のためのスライド，立論，反対尋問及び最終弁論が含まれています．ディベートの完成版を掲載している教科書は今のところ見当たらないので，多方面でご利用いただけるのではと考えます．

　本書を読む際は，最初にプレゼンテーションとディベートの章を一読してから，第 1 章に戻って，順に読み進めるのもよいでしょう．

　またこの版で，ブレインストーミングや KJ 法などの説明に写真や図を追加して，初年次学生に

より親しみやすくしました．

　本書は 2000 年に発刊し第 3 版を重ねた「IT テキスト　基礎情報リテラシ」の思想と実績を引き継いで企画・出版しました．そのため，通算では第 5 版 19 年となります．この版から，「社会人基礎力」を引用して，本書を学ぶことによって，職場や地域社会で多様な人々と仕事をしていくための基礎的な能力が身につくことを反芻し，学ぶ意欲を持続させるよう呼びかけています．

　著者らは，組織や社会に対する情報活動を「情報システム」と捉え，それに基づく教科書「コンピュータ概論：情報システム入門」を刊行しています．こちらは 1998 年に初版を発刊し，現在 7 版を数えています．また，本書への橋渡しを目的とした「コンピュータリテラシ−情報処理入門」（現在第 4 版）を刊行し，情報基礎教科書 3 部作を構成しています．ともにご愛顧を賜れれば幸いです．

　本書を教科書として採用してくださる先生方には，著者や執筆協力者が授業を進めるときに使っている教材（授業用スライド，配布資料，テスト問題やその解答など）を無料で頒布する仕組みを備えています．共立出版宛お問い合わせの上ご利用いただき，本書と併せてご批判・ご助言賜れれば幸いです．最後になりましたが，本書の企画と制作にご苦労をおかけしました共立出版の石井徹也さんに衷心よりお礼申し上げます．資料などを引用させていただき，またご提供下さった方々にも，記して謝意を表します．

　2019 年夏

著者を代表して

魚田　勝臣

執筆分担

第 1 章	情報リテラシとは	魚田勝臣
第 2 章	グループワークのための準備	植竹朋文
第 3 章	情報の収集と整理	永田奈央美
第 4 章	問題の発見と情報の分析	森本祥一
第 5 章	解決案の創出	関根純（協力：魚田勝臣，永田奈央美）
第 6 章	レポートの作成	渥美幸雄
第 7 章	プレゼンテーション	大曽根匡
第 8 章	ディベート	大曽根匡
第 9 章	ディベートの実践	関根純（協力：魚田勝臣）
第 10 章	豊かな情報社会に向けて	魚田勝臣

執筆協力者（教材提供を含む）　敬称略

八木晃二，伊東洋一，上野 仁，大原康博，奥野祥二，新保好美，廣澤敏夫，山縣 修

目　次

第1章　情報リテラシとは ……………………………………………… 1

1.1　情報活動と情報リテラシ　　1
1.2　情報リテラシの重要性と PDCA サイクル　　3
1.3　本書の構成と使い方　　6
1.4　情報倫理　　9
1.5　著作権　　11

第2章　グループワークのための準備 ……………………… 17

2.1　チーム目標の設定　　17
2.2　チームビルディング　　18
2.3　チーム活動の計画（プロジェクト計画の立案）　　23
2.4　チーム活動の進捗管理（プロジェクトマネジメント）　　28

第3章　情報の収集と整理 …………………………………………… 33

3.1　情報収集とは　　33
3.2　情報収集（調査）の方法　　34
3.3　情報源と情報の確度　　35
3.4　情報収集の手順　　37
3.5　収集した情報の整理　　44

第4章　問題の発見と情報の分析 ……………………………… 49

4.1　分析手法の選択　　50
4.2　問題の発見　　51
4.3　原因の推定　　52
4.4　解決案の立案と検証　　55
4.5　制約条件と問題間の関係の把握　　56
4.6　分析事例　　57

第5章 解決案の創出 63

5.1 解決案創出の概要　63
5.2 解決案創出の手順　65
5.3 解決すべき問題が明確でない場合の発想法　76

第6章 レポートの作成 81

6.1 レポートとは　81
6.2 レポートの作成　84
6.3 チームで分担執筆するときの注意事項　93

第7章 プレゼンテーション 97

7.1 プレゼンテーションとは　97
7.2 箇条書きによる表現　101
7.3 ビジュアルな表現　102
7.4 プレゼンテーションの準備　110

第8章 ディベート 121

8.1 ディベートとは　121
8.2 ディベートの準備　127
8.3 立論の準備と構成　128
8.4 反対尋問と最終弁論の準備　136
8.5 説得する方法　138

第9章 ディベートの実践 145

9.1 ディベートの概要　145
9.2 ディベートの模様　146

第10章 情報リテラシの実践 159

10.1 情報社会のリスク　159
10.2 個人情報とプライバシ　161
10.3 メディアリテラシ　165
10.4 豊かな情報社会実現のために　167

索　引　173

第1章 情報リテラシとは

　第1章では，初めに人びとと情報や情報システムとのかかわり，それらに関する常識としての情報リテラシの意味するところ，およびそれを学ぶことの重要性について理解する．

　人間は情報によって行動し，行動することを通じて新しい情報を作りだしている．情報リテラシはこうした個人の行動の基礎となる情報に関するリテラシ（活用能力）を学ぶものである．具体的には，読み書き，コミュニケーション，情報の収集，論理的思考，分析と解決，議論に関する能力向上を図ることである．このように，情報活動は人間の活動そのものであるから，それについて学ぶこと，すなわち情報リテラシは，人間が生きていく上で，最も基本的でかつ重要なことがらである．

　第1章は四つの節からなる．1.1節で，情報活動と情報リテラシについて，それぞれの意味するところを学び，1.2節で，情報リテラシの重要性，中でも情報活動の基本としてのPDCAサイクルについて学び，1.3節で，本書の構成と使い方についてそれぞれ学ぶ．そして1.4節と1.5節で，本書全体に共通するリテラシである情報倫理と著作権について具体的に学び，第2章以下の本論へとつなぐ．

1.1　情報活動と情報リテラシ

　1.1節では，はじめにコンピュータリテラシと情報リテラシの関係を明らかにする．そのうえで，情報とは何かを明確にし，人間の活動と情報活動について考え，情報リテラシで学ぶ内容を明らかにする．情報技術（IT）は，情報活動を効率化・高度化するための道具と位置づける．

1.1.1　情報と情報活動

（1）コンピュータリテラシと情報リテラシ

　私たちの身の回りにはスマホ，タブレット，パソコン，ケイタイなどいろいろな情報機器がある．これらは，学習や趣味に，あるいは日常生活に欠かせないものになっている．このような機器のアプリケーションを使いこなす能力のことをコンピュータリテラシ[1]という．しかし，このようなアプリケーションはデータを加工するための道具であって，問題を解決してはくれない．問題の解決には，問題の発見，情報の収集，情報の分析，新たな情報の創出や課題の解決，情報の発信といった手順を踏まなければならない．この能力のことを情報リテラシといい，実社会では必須の能力とされている．

2　第1章　情報リテラシとは

情報リテラシは，コンピュータの出現以前から人が活動していく上で大切な能力とされていた．

本来ならば基本である情報リテラシを学んでから，道具としてのコンピュータリテラシを学ぶのが順序としては正しいと言えるが，情報機器が普及している状況のもとでは，どちらが先でも構わない．興味のあるコンピュータリテラシを学んでから，情報リテラシを学ぶ方が時代に適した学び方かも知れない．

（2）　情報とは

情報（英語 information の訳語）という言葉は，「期末試験の出題範囲についての情報を知りたい」，「レポートを書くための情報を集めている」，「就活で会社を決めるのに，情報が不足している」など，日常生活の中で当たり前に使われている．情報リテラシを学ぶにあたって，まず情報とは何かをはっきりさせておこう．

広辞苑第6版には，情報とは，①あることがらについてのしらせ．「極秘──」．②判断を下したり行動を起こしたりするために必要な，種々の媒体を介しての知識．「──が不足している」とある．ここに，知識については，①ある事項について知っていること，また，その内容，とある．

よって，情報についての一般的な意味は，ことがらについての知らせおよび判断や行動のための知識と言える．なお，1977年発刊の同書第4版には，②の解釈はなかった．時代とともに意味が変わっていることがわかる．

一方，専門書などには別の定義がある．すなわち，「情報は，それが文字・記号・形などで表されたものである」，「情報は，情に報いるものである」など．また，『情況を報せるモノであり，そのモノには，「敵がやってくる」というような意味的なモノを指す場合と，のろしや機密文書のような報せる手段を指す場合とがある』と定義している文献もある[2]．情報の意味するところは多様で，厳密な定義をすることは，それほど簡単でないことがうかがえる．

本書では，広辞苑での日常語としての「広義の情報」と，機械で処理する「狭義のデータ」を区別して考えるに止める．

（3）　情報活動とは

人間は情報に基づいて活動し，活動して新たな情報を作り出している．人間の活動そのものを情報活動と考えるのである．ここでは人間の情報活動の内容をもう少し深く考察してみよう．

人間が活動することすなわち情報活動を行うとき，その主要な部分は言葉に依っている．新約聖書の冒頭部分に，「初めに言葉があった．言葉は神と共にあった．言葉は神であった」とある．ゆえに，「①ことばで表現すること」が人間活動の基本であることがわかる．次に，人間活動として，「②意思の疎通を図ること」が重要である．意思を持つためには，「③自分の考えをまとめること」が必要で，考えるための「④情報を集めること」が必須で，集めた情報を「⑤分析し解決すること」が必要である．以上に示した5項目が人間活動に必須なものである．

一方，衆知を集めることが良い結論を導くのに大切と言われているので，議論をすることを重視したい．そこで，本来なら「②意思の疎通を図ること」に含めても良いと思われる「⑥他人と議論すること」を別項目として捉え，合わせて6項目を人間活動に必須な項目と考える．これらのうちのどれが欠けても情報活動，すなわち人間としての活動に支障が生じる．

1.1.2 情報リテラシとは

　情報リテラシは，情報活動を行うための情報の活用能力であることがわかった．情報活動は前項の(3)で述べたとおり，人間の活動そのものであるから，情報リテラシは人間活動を行うための基礎を学ぶことであり，生きていく上で重要なことがらである．現代社会におけるリベラルアーツ（基礎教養的科目）と言われるゆえんである．この基礎が欠如していると，社会や他人との間であつれきを生じ，社会生活を行っていく上で障害を生じる可能性がある．

　前項の(3)でまとめた情報活動の項目を，具体的な能力とともに箇条書きにすると次のようになる．

　　a．言葉などにより情報を表現する能力：手紙やレポート，小論文など文章を作成する能力
　　b．コミュニケーション能力：手紙・電話や電子メールなどで意思疎通を図る能力
　　c．適切な情報を収集する能力
　　d．論理的ないし批判的に考えて自分なりにまとめる能力
　　e．分析し解決する能力
　　f．感情を離れて，他人と議論する能力

以下，これらを情報リテラシ6項目として参照する．情報リテラシはこれらについて学ぶ教科である．

　近年，情報活動に情報技術（IT，情報機器や情報システム）を利用することが多いので，あたかも情報技術を利用することが情報活動であるように誤解されていることが多い．本来は人間の情報活動そのものであり，情報技術を利用していてもしていなくてもよいのである．

1.2　情報リテラシの重要性と PDCA サイクル

　1.2節では，情報リテラシの重要性について，少し掘り下げて考える．その上で，情報活動を向上させるための基本である PDCA 活動について学ぶ．

(1)　情報リテラシの重要性

　われわれの身の回りには，資源やエネルギ，食料，環境やごみ，福祉，教育，格差など解決を必要とする課題が数多く存在する．これらは，身近にあるだけでなく，地域，国，地球全体にとっても重要で，しかも解決が困難であることは誰の目にも明らかである．その中には，あちらを立てればこちらが立たない，いわゆるトレードオフの関係にあるものも多く，利害が対立し紛争の種になる．

　こうした課題は，社会の構成員が，正しい知識を得て自ら考え，自らの意見を持ち，議論して納得できる解決策を見つけることが大切である．誰かが示した意見に盲従するのではいけない．意見を持つためには，意見の根拠になる知見が必要で，そのための情報を探索できなければならない．ネットワークが発達して，関係のありそうな情報は簡単に取り出すことができるものの，不確かな

情報も氾濫している．よって，集めた情報の真贋を見分ける必要がある．そのためには，ものごとを論理的にかつ批判的に考える必要がある．そして，情報を収集したら，それらを分析し，解決策を考え，自分の意見としてまとめる．これら一連の活動が情報リテラシである．

インターネットがあまねく行き渡り，ロボット型の検索エンジンが高度化して，複雑そうな問にも，一見答えらしい情報が得られる時代になった．しかし，本書で例示している「ごみ問題」やそれを包含する「環境問題」，「エネルギ問題」など複雑な問題は，ネット上に唯一正しい答えはない．

以上述べたとおり，直面している重要課題の解決には衆知を集める必要がある．衆知は自分の意見を持った市民の知見であり，それには情報リテラシが必須である．つまり，人が人として生活していく上で，また社会が持続的に発展していく上で，情報リテラシは必須なのである．

経済産業省が2006年に社会人基礎力を提唱した．これは，3つの能力とそれを構成する12の能力要素から成り立っていて，職場や地域社会で多様な人々と仕事をしていくために必要な基礎的な力と考えられている．その後，2017年に「人生100年時代の社会人基礎力」[8]として定義と内容が改められた．3つの能力と12の能力要素の関係を図1.1に示す．

3つの能力は，「前に踏み出す力」，「考え抜く力」および「チームで働く力」であり，12の能力要素は，それらの枠内に書かれた，「主体性」，「働きかけ力」，「実行力」などである．これら12の能力要素は，本書の目標：情報リテラシ6項目（1.1.2項参照）と相通ずるものである．つまり，本書が目標とする情報リテラシを学ぶことによって，職場や地域社会で多様な人々と仕事をしていくために必要な基礎的な能力：社会人基礎力が身につくのである．このことを常に反芻しながら情報リテラシを学ぶことが望まれる．

学生時代に正しい情報リテラシを学んでおけば，社会人になっても困らない．ただし，常にそれを磨くことが重要である．

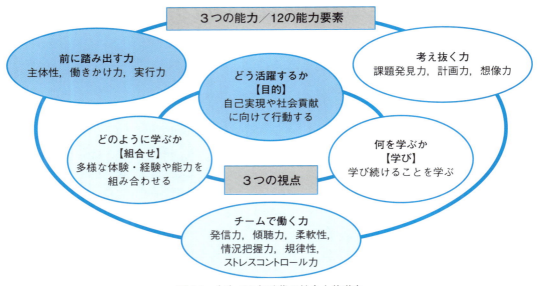

図 1.1　人生100年時代の社会人基礎力

1.2 情報リテラシの重要性とPDCAサイクル

(2) 情報活動とPDCAサイクル

人間は生存のために活動し，活動を通じて得られた情報に基づいて，次の活動を計画して実行に移している．これらは，PDCAあるいはPDSと称され，Plan-Do-Check-Act（PDCA）あるいはPlan-Do-See（PDS）のことである．そしてこれらすべての活動において，記録して進めることが大切である．

計画しそれに基づいて行動するのと，その場その場で場当たり的に行動するのとでは，効率・効果とも大きな差が出てくる．また，計画がなされていると，心の準備ができるから，ストレスがたまることも少ないと思われる．ともすれば無計画に学生時代を送りがちであるが，計画を立て反省して次の行動を起こすことを身につけておけば，社会に出たときに困らない．学生時代に自らのライフスタイルを確立しておくのがよい．

図1.2にPDCAサイクルを示す．サイクルというのは繰り返すという意味である．

PDCAの周期は1年が基準である．社会人の場合は中期の周期として3年程度，長期の周期として10年程度が考えられる．

PDCAに伴って作成される文書には，紙媒体の場合，図1.2の円の周囲に示したように，日記帳と手帳がある．市販の日記帳は，計画に始まり，実施と反省の記録および次年度への改善計画の記載欄があるものが多い．これら記載欄を利用すると，PDCAサイクルを順序に則り抜けなく実践することができる．別途，スケジュール管理のための手帳を併用して，持ち歩くのは小型の手帳だけにする人もいる．一方，手帳だけですべてを管理し記載する方法もある．どちらを採用するかは，ライフスタイルによる．またPC，スマホやタブレット用の日記や手帳対応のソフトウェア（アプリケーションまたはアプリと称される）も利用できる．こちらを使うと，ITの便利さを享受することができよう．

例として，1年次の学生が，日記帳と手帳を併用して，2年次の計画を立て，実施し，3年次に向けて反省する場面を考えよう．

年度の初めに，日記帳に年度の計画を書く（Plan）．大学には学事暦があって，年度が始まるときにガイダンスで示される．また，配布される学生手帳にも記載されているので，これら学事暦を

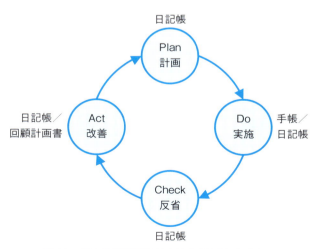

図1.2　個人の情報活動におけるPDCAサイクル

活動計画の基本に据える.

スケジュール管理は,週ごとに手帳に記載して実施し(Do),毎日日記帳に記載するとともに,週または月の終わりに反省する(Check).年または年度の終わりに回顧するとともに,次年または次年度の計画を立てる(Act).このようにしてPDCAサイクルを実践する.

なお,サークルや部活,ゼミナールおよび就職活動(就活)については,専用のノートを設けてそれぞれのPDCAサイクルを実践するとよい.

社会人の場合の手順も同様に考えられる.役所などの場合は別にして,一般企業では計画がめまぐるしく変わることが多い.しかし,計画のない企業などあり得ないので,年始,年度や期のはじめなどに示される計画によって自らの活動計画を修正しつつ,活動予定を決めるとよい.

1.3 本書の構成と使い方

(1) 本書の構成

図1.3に,1.1.2項で述べた情報リテラシ6項目について,本書のどの章で学ぶかを示す.すなわち,図の左側に情報活動の項目を示し,右側に章立てを記載する.中間の矢印が,それぞれの活動が主にどの章で述べられているかを示す.ディベートは,すべての活動を関連させ総括して学ぶことを示している.

本書はグループワークを通じて,情報リテラシ能力を高めることを目指している.そのため,第2章において,グループ作業の重要性を認識し,グループを作ることから学習を開始する.情報の表現やコミュニケーションについては,第2章以下の各章で実施され,第6章:レポートおよび第

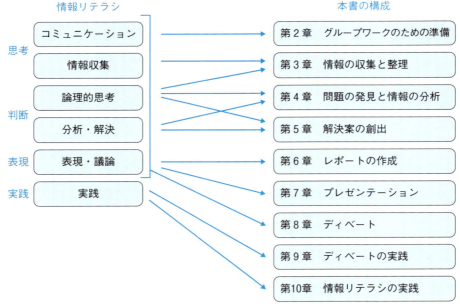

図1.3 情報活動と本書の構成との対応

7章：プレゼンテーションにおいて総合して学ぶことにしている．情報収集，論理的思考および分析・解決については，それぞれ，第3章，第4章および第5章で取り上げる．

以下に各章の主旨を順に示す．

1）**第2章　グループワークのための準備**

人は，良いチームを作り協調して活動すると，個人では考えつかなかったアイデアを生み，選択や決定に反映できるといった相乗効果（シナジー効果）が生まれると言われる．特に企業活動で発生する問題解決のための意思決定作業は，所与の情報量が多く，一人で処理できる範囲を超えることや，多面的な検討が必要になることから，チーム活動の方が個人作業よりもつぎの点で優れると考えられる．

- アイデアの創出や意思決定をする上で必要な情報がより多く，網羅的に集められる
- 多様な視点からの推論が行われることによって客観的な判断が容易になる

第2章では，優れた成果を生むために必要不可欠なチーム活動の基礎を中心に学ぶ．

2）**第3章　情報の収集と整理**

第3章では，問題を解決するために適切な情報を収集することと，収集した情報を整理する方法を学ぶ．はじめに，情報の収集と整理の基本を理解し，情報源と情報の収集手段について学ぶ．具体的な事例で理解を深め，最終的には文献リストを作成して，第4章へ進む．

3）**第4章　問題の発見と情報の分析**

第4章では，第3章で集めた情報に基づいて，問題が何であるかを明確にするとともに集めた情報を分析する．その上で，収集した情報を整理・加工し，問題に有効で本質的な情報を抽出（情報の分析）する．また，それら情報間の原因と結果など相関関係を解明し，第5章の問題解決に進む．

4）**第5章　解決案の創出**

第5章では，課題の解決案を創出する．作業に先立って二つの準備をする．すなわち，解決案を縛る制約条件とより良い解決案を選択するための評価尺度を明白にすることである．本論としての解決案の創出は，第1段階で，ブレインストーミングによって，できるだけ多くのアイデアを生み出し，第2段階でKJ法を用いてアイデアを整理して解決案を導く．

5）**第6章　レポートの作成**

第6章では，第5章までの成果物をレポートにまとめる方法を学ぶ．

はじめに，レポートの意義と役割を認識した上で，基本構成と章立てを学ぶ．ついで，レポート作成の具体的な方法について，作成の全体手順，利用する文献の扱いと表示，レポートに必要な表現法と注意事項，そして理解しやすい表現のコツを知る．最後に，チーム活動の中で，分担してレポートを作成する場合の留意点について学ぶ．

6）**第7章　プレゼンテーション**

第7章では，成果物を他人に伝達する方法の一つであるプレゼンテーションについて学ぶ．

はじめに，プレゼンテーションの定義とその重要性について学ぶ．ついで，プレゼンテーションの準備の仕方と，良いプレゼンテーションを行うための基本的な技術について学習する．特に，プレゼンテーションで重要な技法である，箇条書きによる表現方法，ビジュアルな表現方法および口頭発表の技術について詳しく学ぶ．

8 第1章 情報リテラシとは

7) 第8章 ディベート

ディベートは，情報の収集や分析，発信，プレゼンテーションなど，第7章までに学んできたことのすべてを駆使して行う．その意味で，ディベートは情報リテラシの最終教材としてふさわしい．

第8章では，ディベートの定義とその効用，ディベートの遂行方法と準備の仕方の順序で学ぶ．特に，立論の準備と構成について詳述しているので，立論以外の反対尋問や最終弁論については，これを応用して行う．また，論理的な考え方を身につけるために，論理の構築についても触れている．

8) 第9章 ディベートの実践

本書を利用して1年次において情報リテラシを学んだ学生が，ゼミ活動の一環として「ごみの有料化 是か非か」を論題に，肯定側否定側それぞれ3名のチームでディベートを実践した（司会は教員が担当）．ディベートは，立論，反対尋問および最終弁論で構成されている．第9章には，立論でのスライドと内容，尋問と最終弁論の模様を記述している．

9) 第10章 情報リテラシの実践

この章では，終章として三つの話題——情報社会のリスクとプライバシの保護，メディアリテラシおよび重要課題の解決と情報リテラシ——について学ぶ．

最初に，社会の進展に伴って増え続けるリスク，そのリスクにどう向き合うか，そのなかでのプライバシをどう確保するかを考える．関連して，税や福祉の面での公平公正な社会を実現すると言われているマイナンバー法について，目的や問題点などを学ぶ．そして，メディアに関し，その本質を考え，盲従することなく複数の情報源から情報を得て自ら考えることの重要性を認識する．最後に地球的重要課題を，本書の問題解決法の手順に従って検討することで，学習内容を反芻し，豊かな情報社会を実現するために，どのように行動すべきか考える．

(2) 全体を通じる事例についての予備知識

本書では，一貫して環境問題を事例として取り上げている．この問題の最終的な目標は，持続可能（サステナブル）な人類の生存・地球環境の維持を実現することを前提にした社会発展の方途を探ることである．

人間が生きていくためには，資源やエネルギを使う．それによって廃棄物（ごみ）が生じ，それが大きな問題になっていることは誰もが認識していると思われる．しかし，少し考えてみるとこの問題は，身近なものから地球規模のものまで，いろいろな捉え方があることがわかる．

- 身近な問題：個人の問題，地域の問題
   個人が分別せずにごみを出す例
- 地球的問題：プラスチックごみの漂流と漂着の問題
   各国のごみが海上を漂流し残存するとともに，他国に漂着する問題

これらを網羅的に取り上げないと，全貌をつかんだことにはならない．しかし，学生や一般市民にとっては，それは不可能に近い．また，本書では，全貌を掌握することが目的ではないので，家庭ごみの削減に課題をしぼって学習を進める．そして，課題解決には「問題解決型」（ごみ問題に

適用）と「アイデア発想型」（エネルギー創出に適用）の手法を使う．まとめるとつぎのようになる．

- 問題解決型：問題の解決策を具体的に提案すること
- アイデア発想型：あたえられたテーマについて新しいアイデアを提案すること

(3) 本書の使い方

本書は，(1)項で述べたとおり，グループワークによって情報リテラシ6項目を学ぶ構成になっている．本書の手順に従って，ディベートまでを実施するのが標準的な使い方である．一方，コンピュータリテラシなど関連教科の進捗やカリキュラムの方針などによって，ディベートの学習が難しい場合もあり得る．その場合は，プレゼンテーションで完結できるようになっている．また，自習や予習によって情報リテラシを学ぶ場合は，本書に示した内容を一人で実施するとよい．ぜひ，ひとりブレインストーミングやひとりKJ法をお勧めしたい．グループワークでの良さは実感できないが，一方で，一人ならではの能率の良さや気楽さなどが味わえるものと思われる．

1.4 情報倫理

情報化の進展に伴って，情報セキュリティに関連して，これまでになかった新たな問題が発生してきている．個人情報の漏洩，個人情報の統合，などである．こうした問題は，技術的に解決可能なものもあれば，法律によって規制する問題もある．しかし，いずれも万全ではなく，根本的には個人の情報倫理に待つしかない．よって，情報倫理は情報リテラシの重要なテーマである．

(1) 道徳と倫理

広辞苑第6版によれば，倫理とは，人倫の道すなわち人としての道であって，実際道徳の規範となる原理とされている．そして，道徳は，「人のふみ行うべき道．ある社会で，その成員の社会に対する，あるいは成員相互間の行為の善悪を判断する基準として，一般に承認されている規範の総体．法律のような外面的強制力を伴うものでなく，個人の内面的な原理」とされている．道徳が個人の内面的なことを指すのに対して，倫理は倫理学であり，論理学，美学と並んで哲学の一環として，学問的な追究を意味している．倫理は生活習慣や道徳，規約などを作るときの原理である．概して倫理と道徳は同じ意味を持っていると考えてよい．

(2) 情報倫理とは

情報倫理は情報社会における倫理であって，とくにコンピュータやネットワークなど情報システムを使って情報に関わる活動を行う際の倫理といえる．倫理の根幹は，時代が変わっても大きく変わることがなく，情報時代になって，新しい項目が追加され，一部の項目が強調されたりするのである．こうした情報倫理には社会人あるいは市民として一般に順守すべきものもあれば，職業や地位に応じて守らなければならないものもある．前者が情報リテラシとしての守備範囲である．

10　　第1章　情報リテラシとは

(3) 社会人（市民）としての情報倫理

社会人としての情報倫理を考えるために，情報処理の専門家で組織されている「一般社団法人情報処理学会」で定めている倫理綱領を参考にしよう．

その前文で，「我々情報処理学会会員は，情報処理技術が国境を越えて社会に対して強くかつ広い影響力を持つことを認識し，情報処理技術が社会に貢献し公益に寄与することを願い，情報処理技術の研究，開発および利用にあたっては，適用される法令とともに，次の行動規範を遵守する」とし，三つの立場すなわち，社会人として，専門家としておよび組織責任者としての行動規範を示している．このうちの本項に関連する，社会人としての行動規範は，つぎの5項目からなる．①他者の生命，安全，財産を侵害しない．②他者の人格とプライバシを尊重する．③他者の知的財産権と知的成果を尊重する．④情報システムや通信ネットワークの運用規則を遵守する．⑤社会における文化の多様性に配慮する．

このうちの④以外は，一般的な倫理項目である．しかし，それぞれの項目について，情報社会においてとくに強調すべきことがらがある．それらは，次に示すインターネットの特性に起因するものが多い．すなわち，①ネット空間は世界に開かれたものであり，制約がない．②ネットに流された情報は，消去したり取り戻したりできない．③インターネットのセキュリティは脆弱で，悪意を持った行為に弱い面がある．これらを念頭に，上記5項目に関連する主な注意事項をつぎに示す．

　a．他者の生命，安全，財産を侵害しない．

　　パスワードを不正に入手したり，自他のパスワードを他人に教えてはならない．これらの行為が，犯罪につながる場合があり，他者の財産の侵害することもありうる．

　b．他者の人格とプライバシを尊重する．

　　他人の悪口や差別する情報をメールなどで流してはならない．直接的な表現でなくても，そう解釈されかねない情報もいけない．ヘイトスピーチ（差別や偏見に基づく憎悪（ヘイト）を表す行為）やヘイトスピーチと解釈されかねない情報を流布してはならない．

　　一方，悪意がなくても，不注意によって他人の情報を漏洩させてしまうことがある．たとえば，個人情報やプライバシに関する情報，顔写真などを無断でWebに公開する行為や，CCでメールを多くの人に送ったために友人関係を洩らす行為など，不注意な行為で他人の個人情報を第三者に知らせてしまうこともある．こうした行為をしてはならない．自他の情報の取り扱いには，常に細心の注意を払おう．

　c．他者の知的財産権と知的成果を尊重する．

　　このことについては，次節「著作権」で学ぶ．

　d．情報システムや通信ネットワークの運用規則を遵守する．

　　所属または利用するネットワーク組織の規則やガイドラインを順守することが必要である．

　e．社会における文化の多様性に配慮する．

　　インターネットは世界に開かれたネットワークであることを常に意識して行動しよう．日本人の常識が他国の人にとっては非常識であることも考えられる．相手の文化的背景に注意を払い，尊重するようにしたい．他国文化に対する些細な発言が憎悪を生み，それが更なる憎悪を呼んで，取り返しのつかないことになりかねない．

　　また，情報弱者への配慮を怠らないようにしたい．世の中には情報時代に追随できない人がたくさんいる．その人達を差別し，その人達が住みにくい世の中にしてはならない．

1.5 著作権

　日常生活の中では，本や雑誌の一部をコピーして日記に貼り付けたり，レポートや論文に他人の文章を引用したりすることがある．また，教室では，教員が参考資料として，教員本人の著作物でない資料のコピーを配布することもある．記事や論文等は著作物であるものの，紙媒体によるこうした私的な使用や教育機関での利用は，一定の約束事を守れば問題はない．ところが，ネット環境下において，ブログ，メール，論文などの中で同様な行為を行うと問題が生じることがある．それは，ネット環境が世界につながっているという特性によるものである．著作物についての他人の権利を侵害し，逆に自分の権利を他人に侵害されないために，著作権について学ぶことは情報活動の中で基本であるので，しっかり学ぼう．

　著作権に関して，学生が最初に知らなければならないのは，他人の著作物を利用するときの注意事項である．よって，そのことを先に学ぼう．その上で著作権の内容について学び，自分の著作にどんな権利があるか理解しよう．

1.5.1 著作権の利用に関する注意事項

　情報リテラシとしては，著作物を利活用する時のルールを学ぶことが先決である．ここでは，その要点を示す．

（1）教育目的の複製

　学校その他の教育機関で教育を担当する者および授業を受ける者は，授業で使用する場合に，公表された著作物を複製することが認められている（著作権法第35条）．この場合でも，著作物の種類や複製の用途や部数など，著作権者の不利益にならない範囲に限られる．また，教育機関でも営利を目的とする場合は認められない．

　なお，以上のことは紙媒体を想定しており，ネット環境では別の配慮が必要である．つまり，インターネットは開かれた世界であるので，教室でネット配信されたとしても，学生だけが見るとは限らないからである．そのために，著作権法第35条の2において，公表されている著作物の種類と用途ならびに当該公衆送信の態様に照らして著作権者の利益を不当に害することがない場合に限って，授業が行われる場所以外の場所に公衆送信することができると定めている．

（2）引用

　レポートや論文などを制作するときに，他人の著書，論文や記事などを書き写すことを引用という．自分の意見を補強し，根拠を示すための引用は普通に行われる行為である．正当な引用は著作権者の許諾を得る必要がない．著作権者は特別な場合を除いて，引用を断ることはできない．しかし，他人の著作物をあたかも自分のものであるように使うのは著作権の侵害になる．こうした行為を剽窃（ひょうせつ）という．剽窃にならないように引用するためには，自分の著作物と他人の著

作物との境界を明示することと，他人の著作物を特定する必要がある．ネットワーク上の情報は時間とともに変わることがあるので，検索した日付を併記することが求められる．引用の方法については，それぞれの章で示す．

　レポートや論文を制作するときに，他人の文章やデータを書き写すこと（コピーアンドペースト，コピペと略称される）は，従前から行われていた．それには一定の時間と労力を伴うので，丸写しすることには抵抗感や罪悪感があった．ところが，IT の発達により，文章だけでなく，静止画，動画，音楽などの著作物を，いとも簡単にコピーできるので，罪の意識も希薄になったと考えられる．一方，紙媒体の場合の論文やレポートは，配布範囲が非常に限定されていたが，これらの情報をネット環境に置くと，世界に公開することになる．コピーした行為は公になり，証拠としても残る．そのことをしっかり認識して，ルールとマナーを遵守するように心がけよう．

　著作権の侵害になるかどうか判断に迷うときには，著者に確認するのがよい．著作権の侵害は，犯罪に該当したり，時には莫大な賠償責任を負わされる可能性があることを常に意識して行動しよう．

1.5.2　著作権の内容

　著作権は，知的財産権の一部であり，知的創作活動の成果を保護し適切な利用を促すことを目的に作られた法律である．知的財産権には，著作権の他に，特許権，実用新案権，育成者権，意匠権，著作権，商標権などがあり，必要に応じて，それぞれの資料を参照するとよい．本項では，個人が情報活動を行う上で常に配慮しなければならない著作権に限定して学ぶ．

　著作権は，小説などの著作物を中心に美術や音楽などの創作物を保護する権利であり，著作権法により定められている．著作権の目的は，「この法律は，著作物並びに実演，レコード，放送及び有線放送に関し著作者の権利及びこれに隣接する権利を定め，これらの文化的所産の公正な利用に留意しつつ，著作者等の権利の保護を図り，もって文化の発展に寄与することを目的とする」（著作権法第1条）と定めている．つまり，著作物に対する権利を保護しつつ，利用を促進するための法律であることがわかる．そして，著作物については，「著作とは，思想又は感情を創作的に表現したものであって，文芸，学術，美術又は音楽の範囲に属するものをいう」と，定義されている．

　著作物が紙や DVD など目に見える媒体上にあるときは，著作権について理解しやすかったが，コンピュータやインターネット上に存在するようになって，配慮する事柄が増えた．

(1)　著作物の種類

　著作物には，論文，小説，脚本，詩歌，俳句，講演など言語による著作物を含め12種ある（表1.1）．

　IT に関して補足すれば，言語，写真や音楽などによって構成された，ブログ，ウェブページ，メールやチャットなども，思想または感情を創作的に表現したものであれば，著作と認められるので，参照し利用するときは，著作権に注意を払いたい．ただし，事実の伝達にすぎないものは，著作物に該当しない．

　一方，著作物は，以上に示した著作全体ではないことにも注意しよう．論文や小説を例に取ると，それらの全体ではなく，その一部（たとえ数行）であったとしても，それが「思想または感情

表 1.1　著作物の種類

言語による著作物	論文，小説，脚本，詩歌，俳句，講演など
音楽の著作物	楽曲及び楽曲を伴う歌詞
舞踊，無言劇の著作物	日本舞踊，バレエ，ダンスの舞踊やパントマイムの振り付けなど
美術の著作物	絵画，版画，彫刻，漫画，書，舞台装置など
建築の著作物	芸術的な建造物
地図，図形の著作物	地図と学術的な図面，図表，模型など
映画の著作物	劇場用映画，テレビ映画，ビデオソフト，ゲームソフトなど
写真の著作物	写真，グラビアなど
プログラムの著作物	コンピュータ・プログラム
二次的著作物	上の著作物を翻訳，編曲，変形，翻案し作成したもの
編集著作物	百科事典，辞書，新聞，雑誌，詩集など
データベースの著作物	編集著作物のうち，コンピュータで検索できるもの

を創作的に表現したもの」であれば，その部分も著作物と認められるということである．

　著作権は，それ以外の知的財産権と異なり，出願する必要はなく，著作物を創作した時点で自動的に権利が生じる．そして，著作者が特定できる個人の著作物は，著作者の死後50年間，法人の著作物は公表後50年間保護される．

(2) 権利の内容

　著作権は，著作者人格権，著作財産権と著作隣接権から構成されている．こうした権利の内容を理解することは，他人の権利を侵害しないことと自分の権利を守ることの両方に重要である．

a. 著作人格権

著作人格権は，①内容を公表するかどうか決める権利：公表権，②公表するとき氏名を表示するか否かを決める権利：氏名表示権，③著作物の内容やタイトルを著作者の意に反して改変されない権利：同一性保持権の3項からなる．

　同一性保持権に関連して，著作物を引用する場合，著者の同意なしに，内容を多少なりとも改変してはならない点に，特に注意しよう．

b. 著作財産権

著作財産権（狭義の著作権）には，表1.2の権利がある．

c. 著作隣接権

　放送事業者，有線放送事業者や実演家，レコード製作者など，著作物の伝達に重要な役割を果たす人や組織に認められた権利である．個人の情報活動には関係が薄いので，詳細については割愛する．

第1章　情報リテラシとは

表 1.2　著作財産権（狭義の著作権）の内容

複製権	著作物を印刷，写真，複写，録音，録画などの方法によって有形的に再製する権利
上演・上映・演奏権	著作物を公に上演したり，演奏したりする権利
公衆送信権等	著作物を自動公衆送信したり，放送したり，有線放送したり，また，それらの公衆送信された著作物を受信装置を使って公に伝達する権利
口述権	言語の著作物を朗読などの方法により口頭で公に伝える権利
展示権	美術の著作物と未発行の写真著作物の原作品を公に展示する権利
頒布権	映画の著作物の複製物を頒布（販売・貸与など）する権利
譲渡権	映画以外の著作物の原作品又は複製物を公衆へ譲渡する権利
貸与権	映画以外の著作物の複製物を公衆へ貸与する権利
翻訳権・翻案権等	著作物を翻訳，編曲，変形，翻案等する権利（二次的著作物を創作することに及ぶ権利）
二次的著作物の利用に関する権利	自分の著作物を原作品とする二次的著作物を利用（上記の各権利に係る行為）することについて，二次的著作物の著作権者が持つものと同じ権利

●「手帳」は紙派？ それともデジタル派？ ●

　　毎日のスケジュールを管理することは日常生活を送る上で大変重要なことである．そのために「手帳」が使われる．紙の手帳を使うか，それともスマートフォンなどのデジタルタイプか，新聞社が読者に尋ねた．紙派：71%，デジタル派：9%，併用派：20%，2015 年時点では圧倒的に紙の手帳が多い．それもポケットに入る小型のものを選択している．

　　理由の上位三つを記すと，紙派では，メモをとりやすい，見たいところをすぐ見られる，すぐに取り出せる．デジタル派では，入力や修正が簡単，複数の端末で情報共有が可能，紙の手帳を持ち歩くのは大変，をそれぞれ上げた．紙の手帳が主流である理由として，パッと出して，パッと書いて，パッと読める，という迅速さや手軽さが受けているものと思われる．

　　紙手帳の欠点の一つに，年の切り替え時に 2 冊持ち歩く面倒さを上げる人が多い．この欠点を避けるために，リフィル可能なシステム手帳を利用する人もいる．さらに，スマホが入るシステム手帳を使って，紙とデジタルそれぞれの長所を活かした使い方をする傾向もあるという．

　　以上は新聞購読者の意見であるので，新聞を購読しない集団の意見は反映されていないと思われる．
（参考文献：朝日新聞　2015 年 4 月 25 日　p.b10「手帳」はアナログ派？デジタル派？）

● ひらめきとメモ ●

　　人と話している最中，レポート作成や人生の節目で悩んでいるときなどに，突如ひらめいたということは，誰もが経験しているのではないだろうか．思いがけないひらめきが瞬時に消えて，何だったか思い出せずに，悔しかった経験があるかも知れない．そう，ひらめきは天与のごとく突如現れて瞬時に消える．そんなひらめきを活用できるか否かは，そばにメモの用意があるかないかで決まる．

　　メモとペンは常に携行し，ひらめいた瞬間に取り出して書くことをお勧めする．ひらめきは，いつどこで起こるかわからない．自宅では，枕もと，洗面所，トイレ，リビング，ダイニングなどに常備するとよい．ちなみに，筆者はこれらすべての場所に，メモとペンを常備している．

演習問題

1. 各種の書籍で，情報について，どんな定義をしているか調べてみよう．
2. 情報リテラシは情報の活用能力と言われているが，どんな能力が必要か，箇条書きにしてみよう．
3. 情報リテラシ6項目に対応して，コンピュータリテラシをどう活用するか考えてみよう．
4. 例年，10月頃から紙の手帳や日記帳が発売される．この時期に書店などを訪ねてどんなものがあるか比較検討してみよう．
5. サークル活動やゼミナールなどでの催事に関して，PDCAを実践してみよう．
6. 漂流・漂着ごみの，種類，国籍および対策について調べてみよう．
7. 原発は「トイレのないマンション」に例えられる．ごみ問題と関連して，どういう意味か調べてみよう．
8. 各種の団体では，倫理綱領または倫理規定を定めている．情報システム学会や経営情報学会などの学会の倫理綱領ないし規定を調べて比較してみよう．
9. 絵画を撮影した写真をネットに掲載するのは，著作権の侵害になるか調べてみよう．
10. 学事暦を参考にして1年間の行動予定表を作ってみよう．

文献ガイド

［１］ 大曽根匡編著，渥美幸雄，植竹朋文，関根純，森本祥一著：『コンピュータリテラシ：情報処理入門第4版』，共立出版，2019.
［２］ 魚田勝臣編著，渥美幸雄，植竹朋文，大曽根匡，森本祥一，綿貫理明著：『コンピュータ概論　情報システム入門　第7版』，共立出版，2017.
［３］ 浦昭二，細野公男，神沼靖子，宮川裕之，山口高平，石井信明，飯島正：『情報システム学へのいざない──人間活動と情報技術の調和を求めて，改訂版』，培風館，2008.
［４］ 今道友信：『エコエティカ：生圏倫理学入門』，講談社，1990.
［５］ 西垣通：『基礎情報学──生命から社会へ──』，NTT出版，2004.
［６］ 情報システム学会編：『新情報システム学序説──人間中心の情報システムを目指して──』，情報システム学会，2014.
［７］ 大矢勝：『環境情報学：地球環境時代の情報リテラシー』，大学教育出版，2013.
［８］ 経済産業省：『人生100年時代の社会人基礎力』，2017.
https://www.meti.go.jp/policy/kisoryoku/　参照日：2019/03/29

第2章
グループワークのための準備

　社会における人々の活動は，互いに必要な情報を提供しあう相互依存の関係で成り立っている．そして，このような関係を保ちながら人々はアイデアの創出や合意形成，意思決定等のさまざまな目的のためにチーム（またはグループ）を形成し，協調して活動している．

　「3人よれば文殊の知恵」や "Two heads are better than one." といった日本語や英語のことわざに示されるように，チームは個人よりも優れた知恵を発揮する可能性が高いと言われている．これはチームで協調して活動することによって，個人では見落としてしまった情報や気がつかなかった考えが利用できるようになるとともに，誤った情報や考えを利用してしまう可能性が減少し，誤りを犯す可能性が個人で行ったときに比べて相対的に小さくなるためであると考えられる．さらに，個人では考えつかなかったアイデアが新たに生まれ（創発され），決定や選択の中に反映されていくといった相乗効果（シナジー効果）が生まれることも期待される．

　特に企業活動のさまざまな場面で頻繁に生じる大量の情報をもとにした問題解決のための意思決定作業は，与えられる情報の量が多く一人で処理できる範囲を超えることや，多面的な検討が必要になることから，チームで活動することは，以下の点で個人作業よりも優れると考えられる．

- アイデアの創出や意思決定をする上で必要な情報がより多く，網羅的に集められる．
- 多様な視点からの推論が行われることによって客観的な判断が容易になる．

　しかし，チームは個人よりも常に優れた結果を残すわけではない．優秀な人材を集めた組織であっても，チームとして機能せず，凡庸な結果しか出せないこともある．では，チーム活動の成果の分かれ目はどこにあるのかと言えば，その進め方にある．そこで本章では，チーム活動を効果的に行う上で必要不可欠なチーム活動の土台作りを中心に，その進め方について述べる．

2.1　チーム目標の設定

　効果的なチーム活動を実現するためにはまず，「チームが達成すべき目標」を明確にする必要がある．最初の段階でこの目標がはっきりしない場合には，それを明確にするための調査を行う必要がある（調査の詳細は，第3章で記述する）．

　本書で取り上げる事例の場合，問題の解決策を提案すること（問題解決型）か，あたえられた分野での新しいサービスや商品を提案すること（アイデア発想型），のいずれかがチームの目標となる．

第 2 章　グループワークのための準備

- 問題解決型：問題の解決策を提案すること
  - 例：循環型社会の実現に向けて，廃棄物の発生を抑えること．産業廃棄物と一般廃棄物があるが，一般廃棄物，それも生活系に焦点をあてる．
  - 例：家庭ごみの有料化は「是」という立場のディベートで勝利すること．
- アイデア発想型：あたえられた分野での新しいサービスや商品を提案すること
  - 例：再生可能エネルギーを利用した新しいサービスを考えること．

2.2　チームビルディング

　メンバの力を最大限発揮できるような活動をするためには，最適なチームを作る必要がある．そして，最適なチームを作るには，「チームビルディング」と呼ばれる手法を用いると効率的である．チームビルディングとは，「個人個人の持ち味を活かし，思いを一つにして，ある目的に向かって効率よく確実に進んでいける組織作り」を意味している．つまり，チームビルディングとは，チームのパワーがメンバー個々のパワーの総和以上になるように導く手法のことである．
チームビルディングの手法は，以下の二つに分類される．

- チーム編成
- チーム活動のベース作り

以下で，まずチームの成長プロセスについて説明した後，各手法の詳細について説明する．

2.2.1　チームの成長プロセス

　日本チームビルディング協会（JTBA）[†]によれば，チームは以下に示す四つの段階を経て，成長していくことが知られている．

(1)　**第 1 段階　Forming（形成期）：チームの結成・様子見のフェーズ**
　　このフェーズでは，メンバのことを十分に理解できておらず，他のメンバへの依存度が大きい．メンバには不安や内向性，緊張感が見られる．

(2)　**第 2 段階　Storming（混乱期）：意見のぶつかりあい・個人の主張のフェーズ**
　　このフェーズでは，解決に向けての意見やアイディアの表出が見られ，メンバには独立心が芽生えている．影響力の大きいリーダーが自然発生的に現れるが，ビジョンは曖昧で，共有されていないことが多い．

[†]　https://jtba.jp/teambuilding，2019 年 7 月 9 日

(3) 第3段階　Norming（標準期）：個人の役割とチームの決まりごとが明確になるフェーズ

このフェーズでは，チームのルールが明示的または暗黙のうちに築かれ，ゴール（目標）やメンバの役割，責任範囲が明確になる．

(4) 第4段階　Transforming（達成期）：能力の発揮と成果達成のフェーズ

このフェーズでは，問題や課題が解決され，成功体験が共有されるようになる．また，メンバに自立心が芽生え，チームに対する帰属意識が高まる．そして，他者視点に基づいた行動，言動が一般化し，信頼関係が構築される．

複数のメンバがチームを組んで一つの作業を協力して行う場合，最初から効果的に行うことは不可能である．したがって，効果的なチーム活動を行えるように，早い時期にチームの状態を第3段階や第4段階に持っていくようにする必要がある．

2.2.2　チーム編成

チームのパワーがメンバ個々のパワーの総和以上となるためには，チームのメンバの特性を考える必要がある．メンバの特性を見極める手法としては交流分析（transactional analysis）等があるが，ここでは人材開発の技法の一つであるコーチングのためのコミュニケーションスタイルを例に説明する．

● コーチングのためのコミュニケーションスタイル

対話によって相手の自己実現や目標達成を図る技術であるコーチングは，コミュニケーションをとる相手を理解し，相手に受け止めやすい形で伝えたいことを伝えていくことが求められる．コーチングにおけるメンバの特性を見極める手法はさまざまなものがあるが，ここでは，簡便で利用しやすい CSI（Communication Style Inventory）と呼ばれる分類手法に注目する．この CSI は，人を感情表出と自己主張の2軸で，以下に示す四つのタイプに分類する[1]．

➢「コントローラ」：実行力でチームをリードする
➢「プロモータ」　：夢を語って盛り上がる
➢「サポータ」　　：合意と協調が何より大切
➢「アナライザ」　：冷静沈着に現状を分析する

各メンバが，自分の強み，弱みを知ることで，より円滑にコミュニケーションを進めることが可能となり，結果としてチームの成果を上げることができる．この手法の詳細については文献ガイド[1] を参照されたい．

ただし，実際にこれらの手法を利用する場合は，チーム編成にかけられる時間との費用対効果で考える必要がある．

2.2.3 チーム活動のベース作り

チームで活動を開始する場面では，初対面の人同士や，立場や考え方が異なる人が集まることが多いため，参加メンバは緊張したり，警戒したりすることが多い．そのため，居心地が悪く，発言にためらいや戸惑いがあり，通常は，すぐには，自由に意見を出し合う雰囲気にはならない．したがって，チーム意識を醸成し，チーム活動を活性化させるためには，チームの編成を工夫するだけでなく，活動内容にあわせたチーム活動のベース作りもする必要がある．このチーム活動のベース作りをする上で考慮すべき点をハードウェアとソフトウェアに分けてまとめたものを以下に示す．

- ハードウェア
  - テーブルのレイアウト（図 2.1）
    - アイランド型：チーム活動を実施するときによく用いられる．
    - 扇形：一つのテーマに対して，じっくりと意見交換したいときによく用いられる．
    - ディベート型：ほぼ同人数で向かい合うレイアウトでディベート等の討論を行う際に用いられる．
    - その他のレイアウト：コの字型，ロの字型，パネルディスカッション型，教室型
  - 記録媒体
      例）ホワイトボード，黒板，模造紙

- ソフトウェア
  - 挨拶と自己紹介
  - アイスブレイク
  - ファシリテーション

図 2.1　テーブルのレイアウト

本書では，チーム活動のベース作りをする上で重要な「挨拶と自己紹介」と「アイスブレイク」，「ファシリテーション」についてもう少し詳しく説明する．

2.2.4 挨拶と自己紹介

初対面の人との対人コミュニケーションは，以下の3段階を経て構築されていく．

- 出会いの段階
- 人間関係構築の段階
- 人間関係強化の段階

この中で，一番重要なのは最初の出会いの段階である．なぜならば，初対面の人に対して持つ印象は挨拶から数分間のうちに形成され，その後の人間関係にも大きく影響を及ぼしていくからである．一度持った印象は，相手と長く付き合っていかない限りなかなか変わらない．しかも，「出会いの段階」で否定的な印象が強いとその人と付き合う機会が減り，その印象が固定化されてしまう傾向にある．

そして，「出会いの段階」のコミュニケーションで重要な役割を果たしているのが「挨拶」と「自己紹介」である．この段階では，人は相手の情報を，挨拶の言語メッセージだけでなく，話し方のリズム，声，表情，視線，姿勢，動作，服装等の非言語メッセージも短時間で統合して評価しているので，話す内容だけでなく，話し方や態度，服装等についても注意を払う必要がある．

以下に効果的な自己紹介をする際のポイントをあげる．

- 相手に意識してもらう
  - ➤ 自分の名前をはっきり相手に伝える
- 共通点の把握に努める
  - ➤ 二～三つぐらいに絞り，それを深く話す
  - ➤ 逆に聴衆に質問する
- ボディーランゲージを効果的に利用する
  - ➤ 笑顔
  - ➤ アイコンタクト
  - ➤ ポジティブな言動と態度
  - ➤ 楽しい雰囲気

2.2.5 アイスブレイク

アイスブレイクとは，チーム活動を始める際の「氷（ice）のように冷たくてかたい雰囲気」を「壊す（break）」活動のことで，ゲーム的な要素を取り入れた活動を通して，心と体の緊張をほぐすことを目的としたものである．したがって，アイスブレイクの基本は，チームのメンバーの誰もが，気軽に言葉を交わすことができ，表情と体がリラックスして活動を行えるという実感を持ってもらうことである．

アイスブレイクには，多くの種類があるが，ここでは代表的なものを以下に示す．

- メンバ同士が知り合うことを目的とする
  - 間違い探し自己紹介
    自分に関するエピソードを三つ紹介する．ただし，そのうち一つは嘘のエピソードを聞いている人にわからないように入れる．聞いている人は，発表者にエピソードに関する質問をすることが可能で，質疑応答を通して発表者の嘘を当てるというゲーム．
  - 他己紹介
    知らない人とペアを組み，インタビューしてもらう（5分程度）．その後，全員の前でその人を紹介するというゲーム．

- 体をほぐすことによって緊張を解くことを目的とする
  - 動作の足し算
    参加者全員が互いに見えるように立ち，最初に指名された人がある動作をする．そして全員でそれをまねる．2番目の人は，その動作に次の動作を加え，全員でそれをまねる．3番目以降も，それまでの動作をまね，新しい動作を加えるというゲーム．

- 多様性を認識し，チームで活動するためのウォーミングアップを目的とする
  - 流れ星
    参加者に紙と筆記用具を配り，ファシリテータ（2.2.6項参照）の言葉（「流れ星」）を絵にしてもらうというゲーム．ゲーム中は，他の人の書いたものを見たり，質問はしないこと．

　上述したもの以外にもアイスブレイクはたくさん存在する．詳細については，文献ガイド［2］や日本ファシリテーション協会†のアイスブレイクに関するwebページを参照されたい．
　実際のアイスブレイクの実施手順は以下のとおりである．

- **アイスブレイクの例：笑顔とハイタッチで自己紹介**（図2.2）
  ① 3〜6人のチームを作る．
  ② 立って，輪になり互いの顔が見えるようにする．
  以降は話す人も聞いている人も常に笑顔でいること
  ③ 最初の一人が笑顔で自己紹介を行う．その際には，以下の3点について話す．
    ㋐ 自分の名前
    ㋑ 出身地
    ㋒ 今日あった良いこと
  ④ 自己紹介した人は話し終わったら，聞いている人の顔を順番に笑顔で見る．
  ⑤ 聞いている人は，話した人と目があったら，笑顔で以下のことを行う．
    ㋐ 相手の名前を呼び，その後「良い笑顔ですね」と笑顔で言う．
    ㋑ 自己紹介した人と笑顔でハイタッチをする．

---

† https://www.faj.or.jp，2019年7月9日

2.3 チーム活動の計画（プロジェクト計画の立案） 23

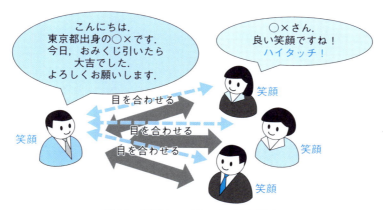

図 2.2 笑顔とハイタッチで自己紹介

⑥ 全員とハイタッチができたら，次の人が自己紹介を笑顔で行う（③〜⑤を繰り返す）．
⑦ 全員が自己紹介を終えたら着席する．

2.2.6 ファシリテーション

チーム活動を効果的に進めるためには，チームをうまくファシリテーション（facilitation）する必要がある．ファシリテーションの定義を以下に示す．

ファシリテーション：
　会議，ミーティング等の複数のメンバが集まって作業する場で，発言や参加を促したり，話の流れを整理したり，参加者の認識の一致を確認したり，合意形成や相互理解をサポートすることにより，組織や参加者の活性化，協働を促進させる支援活動のこと．

このファシリテーションをする人のことをファシリテータ（facilitator）と呼ぶ．ファシリテータがメンバに働きかけることにより，メンバのモチベーションを高めたり，発想を促進することが期待される．詳細については文献ガイド [3] を参照されたい．

2.3　チーム活動の計画（プロジェクト計画の立案）

チームで協調して作業を円滑に行うためには，計画を立てて実行し，反省して次の行動に備えるのが基本となる．これは第1章で述べたようにPDCAサイクル（Plan-Do-Check-Act）と表現される．

- Plan： まず目標を設定し，それを具体的な行動計画に落とし込む．
- Do： 役割を決め，具体的な行動をする．
- Check：途中で成果を測定・評価する．

- Act： Check の結果に基づき，必要に応じて修正を加える．一連のサイクルが終わったら，反省点を踏まえて再計画へのプロセスへ入り，次期も新たな PDCA サイクルを進める．

そしてこれらすべての活動において，記録して進めることが大事である．計画に基づいて行動するのと，その場で考えて行動するのとでは，効率・効果ともに大きな差が出てくる．

2.3.1 活動計画

中・長期にわたるチーム活動（プロジェクト）を実施する場合は，その定義と計画を最初にしっかりと決め，プロジェクト定義書（図2.3）を作成しておく必要がある．プロジェクト定義書に定義すべき事項は以下のとおりである．なお，プロジェクトの方針，メンバの役割，守るべきルール，実施時の留意点についてはメンバ全員で話し合いの上決める必要がある．

- プロジェクト定義書
  - プロジェクトのテーマ
  - プロジェクトの目的
  - プロジェクトの期間
  - プロジェクトの成果物
    - 例）プロジェクト定義書，文献リスト，等
  - プロジェクトのメンバの役割と担当
    - 役割：リーダー，サブリーダー，等
    - 主担当作業：立論，反駁，質問，回答，等
  - プロジェクトの方針
    - 例）全員で情報を共有する，楽しく仲良くまじめに，チームワークを大切にする，等
  - プロジェクトの行動指針（規律）
    - 例）無遅刻無欠席，自分の行動に責任を持つ，やるときはやる，教材には必ず目を通す，期限は守る，挨拶をきちんとする，等
  - 活動時の留意点
    - 授業時間外に作業を実施する場合の時間と場所
      - 例）全員が大学に来ている日の昼休みに図書館で行う
    - 連絡手段
      - 例）LINE で行う
    - 情報の共有方法
      - 例）教育支援システムの掲示板に UP する，Google ドキュメントを利用する，等

2.3 チーム活動の計画（プロジェクト計画の立案） 25

プロジェクト定義書

20××年××月××日

プロジェクトのテーマ	家庭ごみの有料化の是非			
プロジェクトの目的	家庭ごみの有料化は「是」という立場のディベートで勝利すること			
プロジェクトの期間	10月1日〜12月23日			
プロジェクトのチーム名	センディ			
プロジェクトの成果物	ディベート用の資料（プレゼン資料，レジュメ）			
メンバ	役割	氏名	学籍番号	署名
	リーダー，立論，反駁	A	M19-0000	A
	サブリーダー，立論，質問	B	M19-0001	B
	立論，回答	C	M19-0002	C
	立論，反駁	D	M19-0003	D
方針 ・コンセプト・ワードなど	①ディベートに勝つためにチーム全員で頑張る． ②自分たちが優れているとは思わず下剋上する勢いを持つ． ③相手から質問などに倍返しできるように万全の状態をキープする． ④チームワークを大切にし，やりきる．			
行動指針	①ホウレンソウ（報告・連絡・相談）を絶やさないようにする． ②作業の期限を守る． ③役割に固まらず，チーム全員が協力する． ④会議や打合せには遅刻・欠席をしない．（やむを得ない事情がある場合は除く） ⑤作業効率を上げるように行動する． ⑥「ありがとう」や「お疲れ様」など挨拶をきちんとする．			
作業時の留意点 ・授業時間外の作業時間 　と作業場所など ・お互いの連絡手段 ・情報の共有方法	①授業以外の作業は主に学校で行う．場所は9号館PCルーム，アトリウム． ②連絡手段：LINEか掲示板を使い，提出物を提出した際などは必ず連絡を入れ，頻繁にチェックする． ③会議：必要に応じて　場所：9号館アトリウム　金曜3限の時間を使う．都合が合わなくなった場合は曜日，時間を変えて行う．			

図2.3　プロジェクト定義書の例

- プロジェクト定義書の作成例

下記のプロジェクト定義書を作成してみよう．

- プロジェクトのテーマ：家庭ごみの有料化の是非
- プロジェクトの目的：家庭ごみの有料化は「是」という立場のディベートで勝利すること
- プロジェクトの期間：12週間
- プロジェクトの成果物：ディベート用の資料（プレゼン資料，レジュメ）

プロジェクト定義書の作成手順は以下のとおりである．

① プロジェクトのメンバと相談しながら，以下の項目を決めていく．
   ➤ メンバの役割と担当を決定する

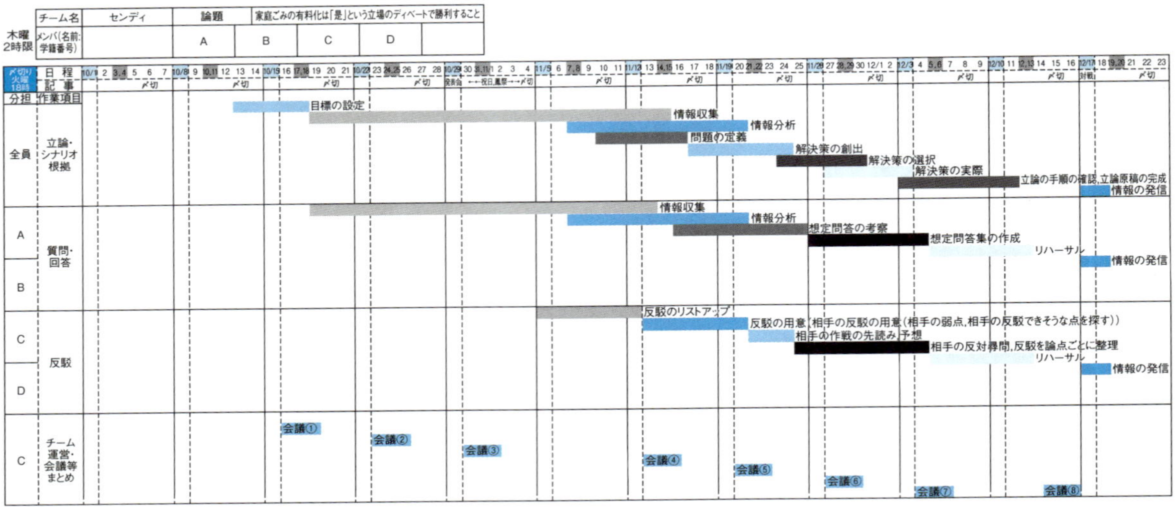

第2章　グループワークのための準備

図 2.4　ガントチャートの例

> ➤ プロジェクトの方針
> ➤ プロジェクトの行動指針
> ➤ プロジェクト活動時の留意点

② プロジェクトのメンバ間で決定した事項を確認し，遵守する．

プロジェクトの定義書ができたら，次に計画を立てる．プロジェクトを計画・管理するために，必要な作業を洗い出し[†]，全体の作業の流れおよび進捗状況を表したガントチャート（図2.4）を作成するのが一般的である．

● ガントチャート

ガントチャートの作成手順は以下のとおりである．

① 必要な作業を洗い出す．
② 各作業の成果物を明確にする．
③ 作業の依存関係を明らかにする．
④ 作業期間を見積もる．
⑤ 作業の依存関係を考慮しながら作業の順序を決める．
⑥ 担当者を決める．
⑦ 作業の開始日と終了日を決める．
⑧ ガントチャートを作成する．

---

† ものごとを段階的（階層的）に詳細化する際には，WBS（Work Breakdown Structure）という手法を用いるとよい．

2.3 チーム活動の計画（プロジェクト計画の立案）　27

● ガントチャートの作成例

　ここでは，表2.1のようにプロジェクトでやるべき作業と，そのスケジュール，成果物，そして担当者が決定した場合に作成したガントチャートの一部を図2.5に示す．

表 2.1　プロジェクトのスケジュールと成果物

順序	作業	開始日	期間	終了日	担当者	成果物	依存関係
①	チームビルディング	10/1	1週間	10/7	全員	プロジェクト定義書	
②	情報の収集と整理	10/8	2週間	10/21	A，B：インターネット C，D：図書館	調査範囲，調査項目，文献リスト，URL	①の後
③	問題の発見と分析	10/22	2週間	11/4	全員	問題構造，問題点リスト	②の後
④	解決案の創出	11/5	2週間	11/18	全員	評価項目，提案内容，残課題	③の後
⑤	レポートの作成	11/19	2週間	12/2	全員	目次案，執筆基準，レポート	④の後
⑥	プレゼンテーション資料の作成	12/3	2週間	12/16	A，D：反駁対応 B，C：質問・回答対応	目次案，作成基準，プレゼン資料	⑤の後
⑦	プレゼンテーション準備	12/17	1週間	12/23	A：発表 B，C：質問・回答対応 D：反駁対応	発表資料，質問・回答用資料，反駁資料	⑥の後

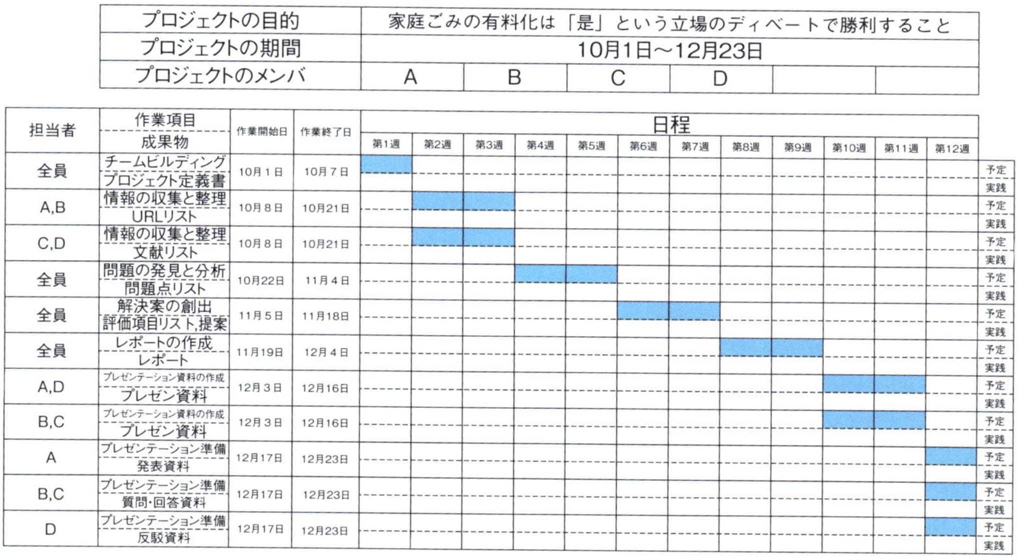

プロジェクトの目的	家庭ごみの有料化は「是」という立場のディベートで勝利すること				
プロジェクトの期間	10月1日～12月23日				
プロジェクトのメンバ	A	B	C	D	

図 2.5　ガントチャートの作成

2.4 チーム活動の進捗管理（プロジェクトマネジメント）

プロジェクトを円滑に進めるためには，プロジェクトの進捗管理とメンバ間のコミュニケーション管理を行う必要がある．これらを効果的に管理するために，2.3.1項で説明したガントチャートや本節で説明する個人活動報告，チーム活動報告といった報告書を利用するとよい．

2.4.1 進捗管理

進捗とは「作業の進み具合」のことで，プロジェクト計画の際に作成したスケジュールの各作業（2.3節を参照のこと）が，現時点でどれだけ完了しているかということを意味している．進捗の管理が十分でないと，あとになって進捗の遅れが発覚し，プロジェクト全体の推進に重大な問題を生じさせる危険もあるので，プロジェクトリーダーは進捗を定期的にメンバに確認し，その内容をガントチャートで可視化しておくとよい．

2.4.2 活動報告

チーム活動を円滑に行いたい場合は，チーム全員で情報を共有する必要がある．ビジネスにおいては，共有する情報の内容と相手により「報告」「連絡」「相談」に分類し，報・連・相（ほう・れん・そう）といわれている．

その使用用途は以下に示すとおりである．

- 報告
  - ➤ 主に上司からの指示や命令に対して，部下が業務や作業の経過や結果を知らせること．
- 連絡
  - ➤ 職場の上下関係にかかわらず，簡単な業務・作業情報を関係者に知らせること．この場合，個人の意見や憶測は含まない方が好ましい．
- 相談
  - ➤ 自分だけで判断することが困難なときに上司や先輩，同僚に参考意見を聞くこと．この場合，職場の上下関係はあまり関係しない．

そして，チーム全員で情報を共有する手段として活動報告がある．活動報告は，個人とチームの進捗状況や問題点，解決策等を記述し，チーム全員で共有するものである．以下に，個人とチームの活動報告の例を示す．

- 個人活動報告（図2.6）
  - ➤ 個人活動報告は，自己評価とメンバへの評価（peer review）を4段階で行うとともに，互いに助言や励ましのメッセージを記述する文書のことである．通常この書類は，作業日ご

2.4 チーム活動の進捗管理（プロジェクトマネジメント）

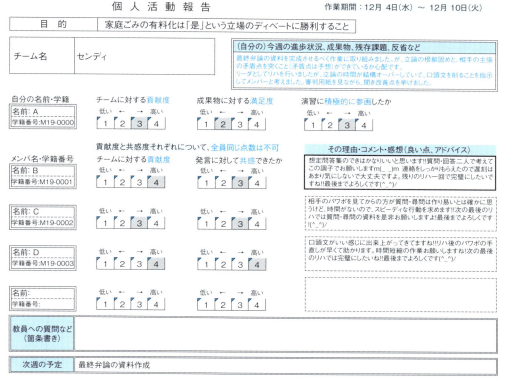

図 2.6 個人活動報告の例

とか，週ごとに作成される．この個人活動報告は，チームのメンバとの人間関係の深化および結束の証にもなる．

- チーム活動報告（図 2.7）
  - チーム活動報告は，作業の進捗状況とプロジェクトのメンバに関する以下に示す 8 つのチェック項目を，リーダーが代表して 4 段階で評価するとともに，作成した成果物の確認，チームの状態と抱えている問題点の所在，その対策等を箇条書きで記述する文書のことである．通常この書類は，プロジェクトの規模にもよるが，週ごとに作成される．このチーム活動報告はチーム全体の PDCA サイクルの証となる．

  - チェック項目
    - 作業の進捗に関する項目
      ① 予定期日までに目標とした作業をすべて終了できたか？
      ② 作成した成果物（資料等）の品質は良いか？
      ③ 作成予定の資料等をすべて作成できたか？
      ④ ミーティングは，予定どおり開始・終了できたか？
      ⑤ ミーティングやいろいろな作業は，効率的にできたか？
      ⑥ チームで立てた（週間）目標を達成できたか？

第2章　グループワークのための準備

チーム活動報告

週間進捗のチェックリスト Ａ：良好 Ｂ：↑ Ｃ：↓ Ｄ：危険	評価欄	チェックの観点
	B	①予想期日までに目標とした作業をすべて終了できたか？
	B	②作成した成果物（資料等）の品質はよいか？
	C	③作成予定の資料等をすべて作成できたか？
	C	④ミーティングは，予定どおり開始・終了できたか？
	C	⑤ミーティングやいろいろな作業は，効率的にできたか？
	B	⑥チームで立てた（週間）目標を達成できたか？
	B	⑦メンバ全員が情報収集や資料等の作成にかかわった（貢献した）か？
	C	⑧メンバの役割分担はうまく行き，役割をきちんと実行できたか？
今週の主な成果物 　　　　　箇条書		①振り返りシート ②立論パワポ　第1版 ③質問・尋問，回答・反芻，資料
今週起きた問題点 　　　　　箇条書		①第1回リハーサルを行ったが，立論は予定されている時間内に終わらなかった．口頭文の分量が多い．また定義が明確になっていないことに気づいた．最終弁論の資料も完成していない． ②相手のパワポを見てからでないと動けないという点が結構多いように思えるという意見を持っていて，作業に移るまでが遅くなっている． ③②によってすべての作業がきちんと期日内に終われるかすごく不安になってきた． ④前週の④の対策を行おうとしたが，作業日程が少なくなるにつれ，どんな指示を出したらよいのか少しわからなくなってきた．
次週までの対策 　　　　　箇条書		①時間が本当にないので，メンバにさらに負担をかけることになるかもしれないが，プロジェクト定義書で決めたとおり協力して乗り切る！！ ②予想と違うことが出てきて焦るのは大変だが，自分たちで考える（予想する）ことが大切であるため準備はおこたらいこと！ ③リーダーを含め全員の努力次第である．最終の士気上げを行う． ④焦りが先行していてまとめが上手くいっていないので，頭の整理をして現状把握に努める．
次週の予定		ディベート本番
特記事項，メモなど 　　　　　箇条書		今週もお疲れ様です！！(^-^)/ 明後日はディベート本番です！いままで準備してきたことしっかり活かしてみんなで頑張ろー あとは相手のパワポの分析と対策ですね！！

図 2.7　チーム活動報告の例

- プロジェクトメンバに関する項目
  - ⑦　メンバ全員が情報収集や資料等の作成に関わった（貢献した）か？
  - ⑧　メンバの役割分担はうまくいき，役割をきちんと実行できたか？
- 作成した成果物
- 問題点
- 対策
- 次週の予定
- 特記事項

2.4.3 プロジェクトにおける問題とその対応

計画どおりものごとが進んでいる場合は問題ないが，何か問題が生じた場合は，対応する必要がある．たとえば，進捗の遅れが生じた場合は，プロジェクトのリーダーはなぜ進まないのか作業を担当するメンバに確認するなどして原因を突き止め，時間や人をやりくりしてすぐに対策を講じなければならない．したがって，プロジェクトのリーダーは各作業を担当しているメンバから作業の完了状況を定期的に確認して進捗を把握しておく必要がある．

さらに，原因とその対策にはさまざまなものがあるため，進捗の遅れの原因の中には時間や人のやりくりだけでは十分に対応できないものもあり，スケジュールなどの計画の見直しが必要になるケースも存在するので，注意が必要である．プロジェクト推進中にはこのような問題が数多く発生するものであり，プロジェクトのリーダーは進捗と併せてこのような問題と対策状況を管理していく必要もある．

● チーム活動を支援するツール ●

インターネットやスマートフォンの普及により，チーム活動を支援するさまざまなアプリやツールが存在する．これらのツールをうまく使うことで，チーム活動を効率的に進めることが可能になるので，積極的に使ってみよう．

・電子メール
インターネットの初期からある通信手段であり，ネットワークを通じて文字メッセージを交換するシステム．ファイルを添付することも可能であるため，文字メッセージ以外にも，画像データや各種ファイル，プログラム等を送受信できる．

・LINE や Skype
LINE とは，LINE 株式会社が提供するソーシャル・ネットワーキング・サービスで，インターネット電話やテキストチャット等の機能を有し，チーム内でのトーク等を容易に行うことができる．Skype とは，Microsoft 社が提供している音声通話ソフトで，音声通話やテレビ電話，文字によるチャット等を手軽に行うことができる．

・Google ドキュメント
オンライン上で文書の作成や表計算を行うことができる Google 社が提供しているアプリケーション．オンライン上にデータがあるので大学からでも自宅からでも同じようにアクセスできる．さらにインターネットで公開したり，他のユーザと共有することも容易である．

・教育支援システム（LMS：Learning Management System）
大学の授業運営を効果的に支援するとともに，学習から成績評価までのプロセス全体を可視化することで，授業改善の実現を支援するシステム．掲示板等のコミュニケーションのための機能や，ファイル共有を行うための機能がある．

演習問題

1. 3〜6名のチームを作り,「間違い探し自己紹介」をやってみよう.
2. 3〜6名のチームを作り,「動作の足し算」をやってみよう.
3. 自分の行っている作業を一つ取り上げ, PDCA サイクルを意識して改善してみよう.
4. 第1章で作成した大学生活の予定を表2.1のようなスケジュール表にまとめてみよう.
5. 設問4で作成したスケジュール表を元に, ガントチャートを作成してみよう.

文献ガイド

［1］ 鈴木義幸：『熱いビジネスチームをつくる4つのタイプ―コーチングから生まれた』, ディスカヴァー・トゥエンティワン, 2002.
［2］ 今村光章：『アイスブレイク入門：こころをほぐす出会いのレッスン』, 解放出版社, 2009.
［3］ 堀公俊：『ファシリテーション入門』, 日経文庫, 2004.
［4］ 専修大学出版企画委員会編：『新・知のツールボックス―新入生のための学び方サポートブック』, 専修大学出版局, 2018.

第3章 情報の収集と整理

設定した課題（テーマ）に関する問題を解決するためにはその課題に潜む問題点を的確に把握する必要がある．本章では，そのための情報を収集し，整理する方法を具体的に学ぶ．

情報の収集と整理の作業は，図 3.1 に示す手順に沿って進めるとよい．まずは，情報収集の目的を確認し，テーマに関する基本的な状況を把握する．そして，定量的・定性的な情報の収集を行う．それらの情報は，必要なときに，適切な利用ができるよう，わかりやすく整理しておく．

3.1 情報収集とは

情報収集とは何のために行うのだろうか．たとえば，レポートを作成するときに何の情報収集もしなかったらどうなるだろうか．たとえ，どんなに立派な主張を並べたとしても，それを裏付ける証拠やデータがなければ確固たる主張とは認められない．また，自分の持つ知識や情報だけでは十分な結論を導き出すことはできない．すなわち，情報収集とは「結論を導くための証拠集め」である．

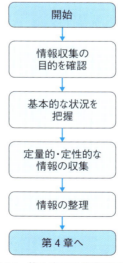

図 3.1　第3章での作業フロー

34 第3章 情報の収集と整理

テーマが人から与えられた場合でも，自らが設定した場合であっても，何を知りたいか，何がわからないのか，何を考えたいのかを考えるとよい．情報収集を行う上で重要なポイントは，5W2Hであるといえよう．まずは，何のために（Why）この情報を収集するのか考える必要がある．そして，何を（What），どこから（Where），誰が（Who），いつ（When），どうやって（How to），どのくらい（How many）情報を収集するのかを意識して行うことである．これらの項目が十分にわかっていれば，どんな情報が必要なのかは自ずと明らかになる．

3.2 情報収集（調査）の方法

情報収集の方法には，文献調査，Web 検索，インタビュー，アンケート，フィールドワーク，教授との面談などさまざまな方法があり，それぞれに長所と短所がある．そのため，一つの方法に頼らず，いくつかの方法を効果的に使い分けるのが望ましい．いくつかの方法から収集した情報を比較し，照らし合わせ，正しい情報は何か，課題（テーマ）に関する問題を解決するために適切な情報は何かを追求していく．

適切な情報収集の方法を効果的に使い分けるためには，情報収集の方法の特徴を理解しておく必要がある．本節で取り上げている五つの方法の特徴を理解しよう．文献調査は，テーマの全般的な概要を把握することができる．Web 検索は，テーマに対する多種多様な情報を短時間に収集できる．インタビュー，アンケートは，一つの事項に対してより深い内容の情報を得られる．自ら新たな情報を作り出し，傾向を探ぐったり，新しい知見を見出したいときに適している．フィールドワークは，実際に現場へ行き，聞き取り調査や現場の状況を把握することである．学生の情報収集活動において，研究室を訪れ教授と面談することも情報収集の一つの方法である．面談は，専門的な情報を得ることができる．

本章では，第1章で取り上げた「ごみ減量のための解決案創出」を目的に，Web を用いた調査によって情報を収集する．図3.2 に示すように，Web ページの検索オプションを使えば，検索条件を細かく設定できる．欲しい情報を絞り出して検索することができ，目的に沿った情報を収集することが容易となっている．

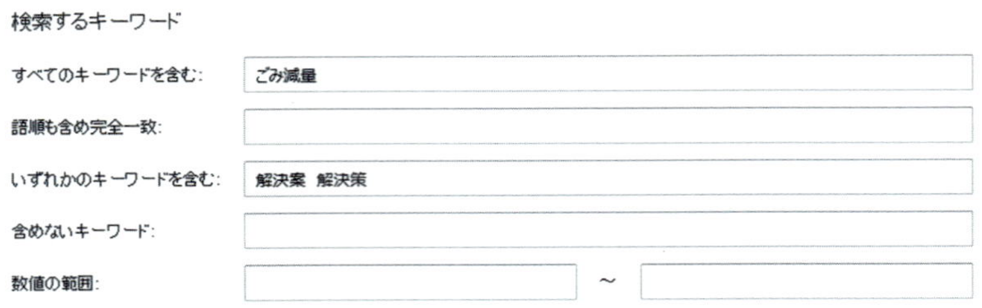

図 3.2　Web ページの検索オプションの画面

3.3 情報源と情報の確度

3.3.1 情報源

情報源には，政府刊行物（白書），書籍，論文，新聞，定期刊行物，年鑑，Webページ，データベース，人（ヒューマンリソース）などがある．情報源によって考え方の偏りがあるので，一つの情報源に頼らず，いくつかの情報源を検討するのが望ましい．

本書では，「ごみ減量のための解決案創出」という市民生活に深くかかわる課題であることから，調査対象を白書に絞って情報収集を試みる．

インターネットで「白書」と検索すると，政府官庁が編集発行する政府刊行物として白書が公開されている．政治，経済，社会，外交，国民生活などの実態および政府の施策の現状を国民に知らせる目的で作成されている．各種の概況を知ることができるが，その時々の政府の立場が反映されているので，その点を考慮して利用する必要がある．

ここでは，「ごみ問題」についての情報を収集するため，環境省のホームページを検索した．そこには，「白書の検索」という欄があり，それをアクセスすると図3.3に示すように公開されている白書を閲覧することができる．

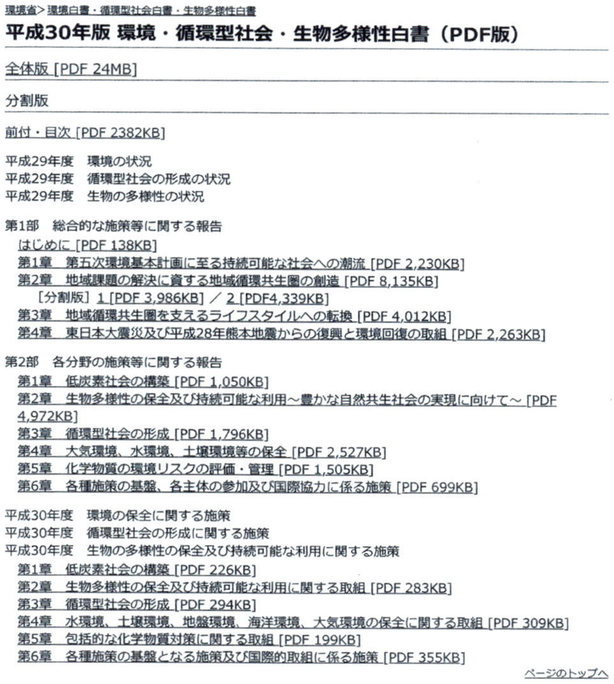
環境省> 環境白書・循環型社会白書・生物多様性白書

平成30年版 環境・循環型社会・生物多様性白書（PDF版）

全体版 [PDF 24MB]

分割版

前付・目次 [PDF 2382KB]

平成29年度　環境の状況
平成29年度　循環型社会の形成の状況
平成29年度　生物の多様性の状況

第1部　総合的な施策等に関する報告
はじめに [PDF 138KB]
第1章　第五次環境基本計画に至る持続可能な社会への潮流 [PDF 2,230KB]
第2章　地域課題の解決に資する地域循環共生圏の創造 [PDF 8,135KB]
［分割版］ 1 [PDF 3,986KB] ／ 2 [PDF4,339KB]
第3章　地域循環共生圏を支えるライフスタイルへの転換 [PDF 4,012KB]
第4章　東日本大震災及び平成28年熊本地震からの復興と環境回復の取組 [PDF 2,263KB]

第2部　各分野の施策等に関する報告
第1章　低炭素社会の構築 [PDF 1,050KB]
第2章　生物多様性の保全及び持続可能な利用～豊かな自然共生社会の実現に向けて～ [PDF 4,972KB]
第3章　循環型社会の形成 [PDF 1,796KB]
第4章　大気環境、水環境、土壌環境等の保全 [PDF 2,527KB]
第5章　化学物質の環境リスクの評価・管理 [PDF 1,505KB]
第6章　各種施策の基盤、各主体の参加及び国際協力に係る施策 [PDF 699KB]

平成30年度　環境の保全に関する施策
平成30年度　循環型社会の形成に関する施策
平成30年度　生物の多様性の保全及び持続可能な利用に関する施策
第1章　低炭素社会の構築 [PDF 226KB]
第2章　生物多様性の保全及び持続可能な利用に関する取組 [PDF 283KB]
第3章　循環型社会の形成 [PDF 294KB]
第4章　水環境、土壌環境、地盤環境、海洋環境、大気環境の保全に関する取組 [PDF 309KB]
第5章　包括的な化学物質対策に関する取組 [PDF 199KB]
第6章　各種施策の基盤となる施策及び国際的取組に係る施策 [PDF 355KB]

ページのトップへ

図 3.3　環境省が発行している白書

● 白書とは ●

「白書」という言葉は，もとはイギリス政府の議会に対する報告書が表紙に白い紙を用いていたため，"white paper" と呼ばれていたことに由来する．日本では，一般的に政府の年次報告のことを指す．現在，「白書」と一般に呼ばれているものには，(1)法律の規定に基づき国会に提出される報告書，(2)閣議へ提出される報告書，(3)その他，調査会社や各種団体が刊行している通称として「白書」と呼ばれているものがある．近年では，非常に多種多様な白書が刊行されており，幅広い分野での調査に活用できる．

● 論文と雑誌 ●

論文とは，あるテーマについて論理的な手法で書き記された文書である．ある問題に対して著者が見出した結論を事実と論理で証明しているものである．結論に至る論証がしっかり書かれているため，設定した調査目的と論文の著者の研究目的が合致していれば，大いに参考となる．雑誌とは，週刊誌，月刊誌，季刊誌など，複数の執筆者による記事や論文を集めたものが継続的に刊行される資料である．

3.3.2　情報の確度と信頼性

　情報は，いたずらに量だけ集めても無意味である．情報は質，すなわち確度が重要である．ここで情報とデータの違いについて考えてみよう．たとえば，なおみさんは，数学のテストで58点を取ったとしよう．このとき，「58」という数字そのものが「データ」である．それに対して，情報は「58点」といったように，58が何かの得点を示しているという意味を含んでいる．「なおみ」，「数学」，「テスト」，「58」，「点」というように，数字や文字列がデータであり，「なおみさんは数学のテストが58点であった」という物事の内容や事情を示しているのが情報である．単なる数字や文字列といった「データ」に価値が加わると，受け手にとっても意味のある「情報」となる．

　情報の確度・信頼性を吟味することは重要である．複数の独立した情報源から同一の情報が得られれば，その情報の信頼性は高まる．一方，複数の情報源で情報に食い違いがある場合，ただちに情報元の信頼性が失われるわけではないが，複数の情報元のどれがより信頼できるのか検討が必要になる．このとき，それら複数の情報の出典年月日を比較し，新しい情報を選択するのも一つである．また，その情報の出所を調べ，信頼できるかどうかを検討することも重要である．

　このように，複数の情報を比較し，自らの考えを踏まえながら，問題解決するための情報として取り扱うか否かを考える必要がある．

3.4 情報収集の手順

3.4.1 情報収集の目的を確認

　情報収集を始めるにあたってはじめに取り掛かる必要があるのは，情報収集の目的を確認することである．第2章で述べたように，設定した課題（テーマ）が，問題の解決策を提案するような問題解決型であるか，あたえられた分野での新しいサービスや商品を提案するようなアイディア発想型であるかによって，情報収集の目的は異なる．問題解決型の場合，当該分野の状況と問題を洗い出すことに焦点を当てることが目的となる．それに対して，アイデア発想型の場合，当該分野の顧客ニーズや競合製品を洗い出すことに焦点を当てることが目的となる．このように，最終的にどのような結論を得たいかを想定しておき，得たい結論へと導くために，どのような情報を収集するべきかを考えてみるとよい．

　本書では，「ごみ減量のための解決案創出」が課題であり，そして，「ごみの減量化のさまざまな手法と，実施の状況，課題を明らかにする」ことが目的となる．最終的には，ごみ問題を明確にした上で，その問題を解決するための対策方法を示したい．そのための情報収集の手順を次に示す．

3.4.2 基本的な考え方，状況を把握

(1) ごみの定義

　まずは，思いつくキーワード「ごみ」に関する基本的な調査をしよう．Webページで図3.4のように「ごみとは」と検索してみる．その結果，ごみとは「利用価値がなくなり，役に立たなくなった物」，「不要になった廃棄物」と書かれたページが見つかった．それらのページを閲覧することで，ごみのイメージを掴むことができる．しかし，本当にこの定義は正しいのだろうか？情報の信憑性を確認するために，「ごみ」に関する文献調査をしてみる．図書館の蔵書検索であるOPACで図3.5，図3.6のように「ごみ」を含むテーマの文献を調査する．すると，図3.7のように「ごみ問題をどうするか」という文献を見つけることができた．この蔵書箇所を検索し図3.8のような蔵書箇所を示す地図を紙に印刷した．これを持って，図書館へ行き図書を探した．そして，その図書の目次を閲覧すると，1章では「ごみ問題とは何か」，2章では「ごみとは何か」について詳述されている．この内容が，今回の情報収集の目的に沿っていると思われたので，この図書を借りてみた．3ページ目に「ちっぽけな物や汚い物，いらない物を私たちは「ごみ」というわけです」といった記載がある．さらに，辞書（広辞苑）で検索すると，「ごみとは，つまらない物，不要な物」という定義が示されている．これらの情報によって，「ごみとは，何を示すか」に関する基本的な考えが明確になった．

第 3 章　情報の収集と整理

図 3.4　Web 検索画面

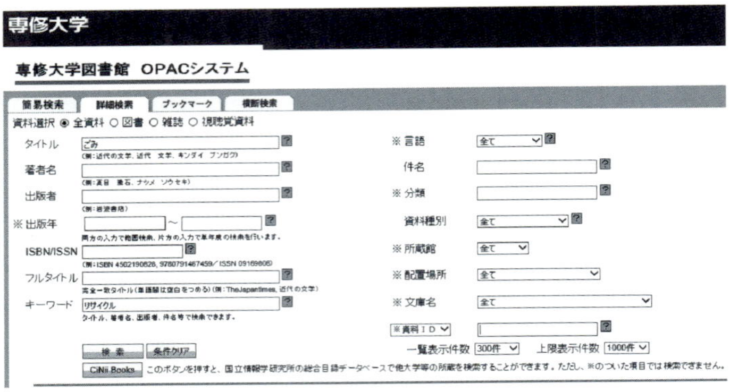

図 3.5　OPAC システムの検索画面

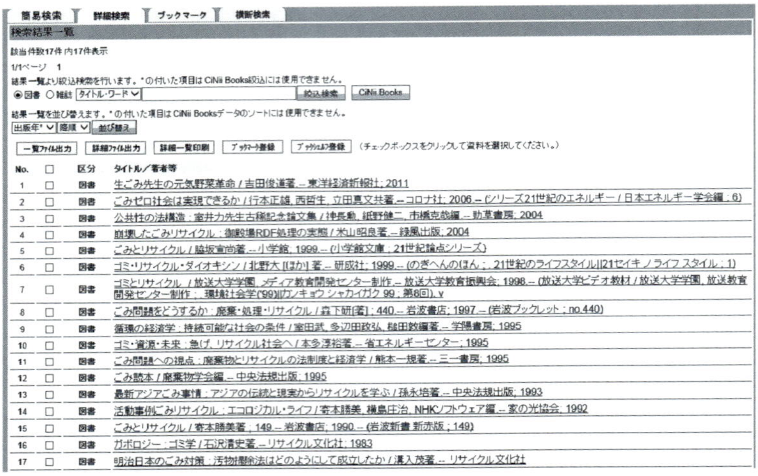

図 3.6　OPAC システムで検索結果閲覧の画面

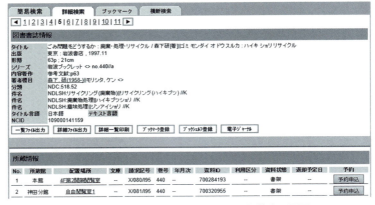

図 3.7　OPAC システムで検索した詳細検索の画面

3.4 情報収集の手順

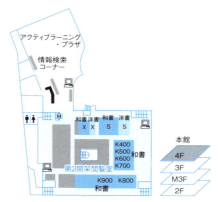

図 3.8 蔵書箇所の詳細が示された地図

表 3.1 基本的な考え方，状況を把握した時の記録例

リスト番号	著者	タイトル	出典	発行年月日	基本的な考え方
1	森下研	ごみ問題をどうするか：廃棄・処理・リサイクル	岩波書店	H9.10	「ごみ」とは，ちっぽけな物や汚い物，いらない物

　これらの情報によって，「ごみとは，何を示すか」に関する基本的な考えが明確になった．そこで，表3.1のように，収集した情報を調査リストへ整理していく．一番始めに調査したため，リスト番号を「1」とし，著者，タイトル，出典，発行年月日といった文献の基本情報を記録しておく．また，「基本的な考え方」といった調査項目を設け，この調査により明らかとなったごみの定義を明記しておく．

(2) ごみの分類

　ごみとは何かといった基本的な考え方がわかったので，次にごみの分類について調査したい．そこで，3.3節で示した方法で，環境省の環境白書を調査し，ごみの区分について調べた．すると，図3.9のような図が示されており，「ごみ」は，家庭系ごみと事業系ごみに区分されている．さらに，家庭系ごみは「一般ごみ」と「粗大ごみ」に区分されている．

　別の分類がなされた情報はないかと，ごみの分類について記載されていそうな文献を調査した．すると，『ごみ問題をどうするか』（表3.7 文献リストの文献1）という図書には，図3.10のような分類が示されている．「ごみ」を「廃棄物」，「一般ごみ」を「普通ごみ」と表現しているが，これは同義語として用いられているので問題はない．しかし文献では，普通ごみをさらに「可燃物」

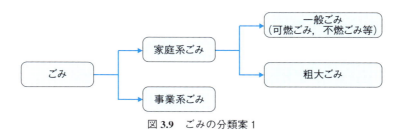

図 3.9 ごみの分類案 1

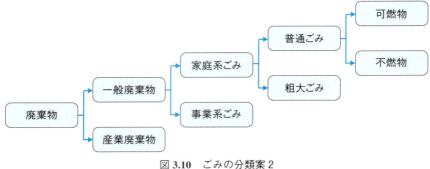

図 3.10　ごみの分類案 2

と「不燃物」に分類している点が異なる．本書の課題である「ごみ減量のための解決案創出」を導くにあたって，可燃物の減量法と不燃物の減量法は異なるかもしれない．そこで，ごみの分類案 2（図 3.10）に従って，さらに調査を進めることにした．

(3)　ごみ処理のプロセス

ごみがどのように処理されているのか，そのプロセスを調査したい．そこで，「循環型社会ハンドブック」という図書（表 3.7 文献リストの文献 4）を見つけ，図 3.11 の産業廃棄物の処理フローの図を見つけた．処理フローがわかりやすくまとめられているが，1997 年に示された図であるため，情報が古い．最近の情報を収集して比較したいと思い，環境省の平成 30 年版環境・循環型社会・生物多様性白書を調査した．すると，図 3.12 の物質フローの情報が掲載されている．この図を参照すると，環境に関する全体像がわかる．また，文献や白書を読んでみると，図 3.12 のような物質の循環が行われている社会を循環型社会と称していることがわかった．循環型社会の形成に向けて，廃棄物の発生を抑えるためには，どうしたら良いのかを各自治体が検討している．

(4)　減量化の事例収集・比較

目標実現のための新たな考え方を定めるために，各自治体の環境課の Web ページを閲覧し，取り組まれているごみの減量化手法と事例について調査した．調査していく中で，実施の取り組みは，「リデュース（Reduce）：発生抑制」，「リユース（Reuse）：再使用」，「リサイクル

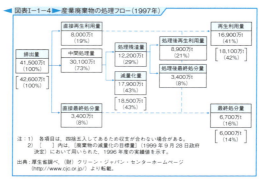

図 3.11　産業廃棄物の処理フロー

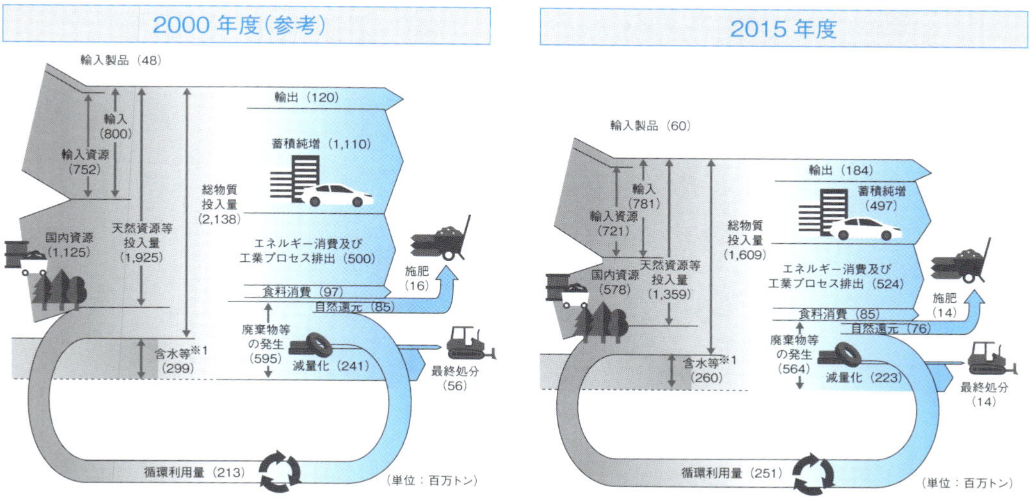

3.4 情報収集の手順

※1：含水等：廃棄物等の含水等（汚泥，家畜ふん尿，し尿，廃酸，廃アルカリ）及び経済活動に伴う土砂等の随伴投入（鉱業，建設業，上水道業の汚泥及び鉱業の鉱さい）．

資料：環境省

図 3.12　わが国における物質フロー（2015 年度）

図 3.13　フィールドワークの様子（資源ごみ回収場を取材）

図 3.14　フィールドワークの様子（ごみ分別回収の様子）

図 3.15　インタビューの様子（藤枝市環境政策課の職員と学生）

（Recycle）：再生利用」と大きく「3R」に区分されており，それぞれのRに対する施策が実施されてきていることがわかる．各自治体が取り組んでいる3Rの対策法を調査していき，表 3.3 のように調査リストへ情報を整理していく．

次に，フィールドワークを行った．住んでいる地域の資源ごみ回収場を訪れ，実際にどのような減量化対策がなされているか調査した．その様子を図 3.13 と図 3.14 に示す．静岡県藤枝市では，ごみの減量化として「もったいない運動」が啓発されており，特に，リユースとリサイクルが徹底されていた．さらに，藤枝市役所の環境政策課の職員の方々へ「どのようなごみ減量化対策を推進しているか」インタビューを行った（図 3.15）．

3.4.3　定性的・定量的な情報の収集

(1)　ごみの排出量

基本的な考え方，状況を把握したところで，具体的に定性的・定量的な情報を収集した．そこで，環境省の白書から，ごみの排出量に関する定量的な情報を調査したところ，ごみの総排出量についての調査結果が公表されている（図 3.16）．2016 年度におけるごみの総排出量は 4,317 万トンである．このうち，焼却，破砕・選別等による中間処理や直接の資源化等を経て，最終的に資源化された量（総資源化量）は 879 万トンで，最終処分量は 398 万トンであることがわかる．

(2)　ごみ排出の状況を把握

ごみの排出量だけでなく，その状況も把握しておく必要があると考え，ごみ排出の状況について調査した（図 3.17）．定量的・定性的情報は，複数の文献の中でも，環境省の白書の情報を取り上げている．したがって，さらに環境省の白書を参考に調査した．ごみ排出の状況は，2000 年度から 2016 年度まで減少している．しかし，2010 年度から 2016 年度までは，ほとんど減少しておらず，横ばい状態である．2016 年度におけるごみ総排出量は 4,317 万トンであり，これは東京ドーム約 116 杯分に相当する．一人 1 日当たりのごみ排出量は 925 グラムである．一方，「ごみ有料化研究の成果と課題（表 3.7 文献リストの文献 10）」という文献を調査すると，家庭系ごみの有料化について詳述されている．ごみの排出量が減少しない一方で，ごみ処理のコストは年々増加傾向に

3.4　情報収集の手順　43

単位：万トン
[　]内は，2015年度の数値

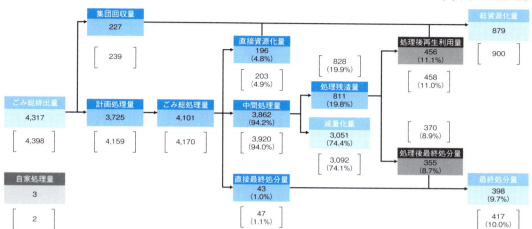

※注1：（　）内は，ごみ総処理量に占める割合を示す（2015年度数値についても同様）．
　2：計画誤差等により，「計画処理量」と「ごみの総処理量」（＝中間処理量＋直接最終処分量＋直接資源化量）は一致しない．
　3：減量処理率（％）＝[（中間処理量）＋（直接資源化量）]÷（ごみの総処理量）×100 とする．
　4：「直接資源化」とは，資源化等を行う施設を経ずに直接再生業者等に搬入されるものであり，1998年度実績調査より新たに設けられた項目．1997年度までは，項目「資源化等の中間処理」内で計上されていたと思われる．

資料：環境省

図 3.16　全国のごみ処理のフロー（2016年度）

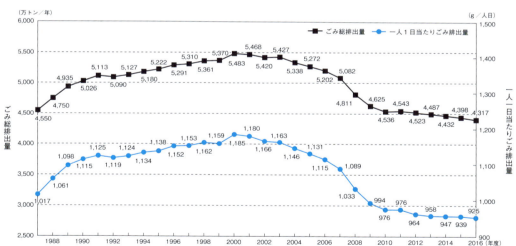

※注1：2005年度実績の取りまとめより「ごみ総排出量」は，廃棄物処理法に基づく「廃棄物の減量その他その適正な処理に関する施策の総合的かつ計画的な推進を図るための基本的な方針」における，「一般廃棄物の排出量（計画収集量＋直接搬入量＋資源ごみの集団回収量）」と同様とした．
　2：一人1日当たりごみ排出量は総排出量を総人口×365日または366日でそれぞれ除した値である．
　3：2012年度以降の総人口には，外国人人口を含んでいる．

資料：環境省

図 3.17　ごみ総排出量と一人1日当たりごみ排出量の推移（環境省，ごみの排出量の推移（2016年度））

あるとのことである．そのため，ごみ処理有料化を実施している地方自治体が増えていることがわかった．

3.5 収集した情報の整理

　収集した情報を整理しておけば，分析やレポート作成の段階で効率よく作業を進めることができる．また，整理することでテーマの核心や新しい側面が見えてくることもある．ここでは，3.4節の情報収集の手順に沿って収集した情報を調査リストへ整理し，調査した文献の詳細を文献リストへ整理する．

3.5.1 調査リストの作成

　表3.2のように，収集した情報を調査リストへ整理していく．調査リストには，リスト番号，著者，タイトル，出典，発行年月日といった文献の基本情報だけではなく，3.4.2項の基本的な考え方，状況を把握にて収集した情報を「基本的な考え方」，3.4.3項の定性的・定量的な情報の収集にて収集した情報を「定性的・定量的な情報」といった調査項目に分類し記録していく．また，調査を進めるにあたり，「ごみ減量化手法とその状況」や「当該手法の課題」，「課題に対する対策」が明らかになってきたので，それらに関する情報を記入する欄を設けた．

　調査リストへ整理すると，表3.3のように複数の文献で3Rについて取り上げられていることがわかり，3Rに対する個々の取り組みがなされていることがわかる．

　さらに，各自治体によってごみ減量化手法とその状況が違うこともわかる．例として，表3.4の

表3.2　調査リストへの整理の例

リスト番号	著者	タイトル	出典	発行年月日	基本的な考え方	定性的・定量的な情報	ごみ減量化手法とその状況	当該手法の課題	課題に対する対策
1	森下研	ごみ問題をどうするか：廃棄・処理・リサイクル	岩波書店	H9.10	「ごみ」とは，ちっぽけな物や汚い物，いらない物				

表3.3　3Rの基本的な考え方

リスト番号	著者	タイトル	出典	発行年月日	基本的な考え方
2	環境省	平成30年版環境・循環型社会・生物多様性白書	http://www.env.go.jp/policy/hakusyo/index.html	H30.6.5	3R（Reduce Reuse Recycle） 循環型社会基本法，排出者責任，拡大生産者責任（p244）
11	渋川文隆	ごみ・レジ袋の有料化問題	参議院環境委員会調査，立法と調査No.262 http://www.sangiin.go.jp/japanese/annai/chousa/rippou_chousa/backnumber/2006pdf/20061227044.pdf	H18.12	3R：廃棄物の発生抑制（リデュース），再使用（リユース），再利用（リサイクル）の取組 廃棄物とは，自ら利用したり他人に有償で譲り渡すことができないために不要になったものであって，ごみ，粗大ごみ，燃え殻，汚泥，ふん尿などの汚物又は不要物で，固形状又は液状のものをいう

3.5 収集した情報の整理　45

表 3.4　ごみ減量化手法とその状況が異なる例

リスト番号	著者	タイトル	出典	発行年月日	ごみ減量化手法とその状況
6	千葉市	焼却ごみ削減ホームページ	http://www.city.chiba.jp/kankyo/junkan/haikibutsu/recycleinfo.html	H31.4.1	雑誌の分別（資源化できる紙類が約 10％入っている） 生ごみの水切り（生ごみの約 70％は水分） 生ごみ減量補助制度 小型家電の拠点回収 廃食油の回収 家庭ごみ手数料徴収制度導入（ごみ有料化）
7	大阪市	大阪市ごみ減量・リサイクル情報サイト	http://www.city.osaka.lg.jp/contents/wdu150/genryou/home/home_recycle.html	H31.4.1	買い物をするとき ・買い物袋をもっていく ・過剰包装は断る ・繰り返し使える容器を選ぶ ・再生品を選ぶ ・ばら売りや量り売り商品を選ぶ ・使い捨て商品の使用を控える ・エコマーク，グリーンマークなどの環境ラベルを目印に くらしの中で ・食べ残しをしない ・壊れたら修理して使う ・食品の品質や消費期限をチェック ・地域や商工での減量活動に取り組む いらなくなったものを活かすために ・資源ごみ回収 ・資源集団回収や古紙・衣類分別収集 ・プラスチック製容器や包装の回収 ・食品トレイや充電式電池は販売店の店頭回収 回収実績に応じた報奨金・奨励品支給制度 ごみゼロリーダー

表 3.5　ごみ減量化手法の課題の例

リスト番号	著者	タイトル	出典	発行年月日	基本的な考え方	ごみ減量化手法とその状況	当該手法の課題
8	埼玉県清掃行政研究協議会	ごみ減量化施策「家庭ごみ有料化」に関する検討報告書	http://saiseiken.jp/tyousa/data/H16-01.pdf	H17.3	家庭ごみ有料化の基本的な考え方は，処理費用を単に住民に求めることではなく，各種廃棄物のリサイクルの促進と併せながら，ごみ処理費用の一部を住民が直接負担することにより，住民の方々のごみ問題への理解を高め，ごみ排出量の削減を実現する制度として活用しようとするもの	ごみ有料化	ごみ処理費用の公平性 住民の負担 還元制度 不法投棄（不法投棄件数が増加した自治体は 14件中 2件） 手数料収入の取扱い 導入にあたっての準備期間 転入者へのケア 税の二重取り批判 リバウンドの発生

表 3.6　ごみの減量化手法の課題に対する対策

リスト番号	著者	タイトル	出典	発行年月日	基本的な考え方	ごみ減量化手法とその状況	当該手法の課題	課題に対する対策
8	埼玉県清掃行政研究協議会	ごみ減量化施策「家庭ごみ有料化」に関する検討報告書	http://saiseiken.jp/tyousa/data/H16-01.pdf	H17.3	家庭ごみ有料化の基本的な考え方は，処理費用を単に住民に求めることではなく，各種廃棄物のリサイクルの促進と併せながら，ごみ処理費用の一部を住民が直接負担することにより，住民の方々のごみ問題への理解を高め，ごみ排出量の削減を実現する制度として活用しようとするもの	ごみ有料化	ごみ処理費用の公平性 住民の負担 還元制度 不法投棄（不法投棄件数が増加した自治体は 14件中 2件） 手数料収入の取扱い 導入にあたっての準備期間 転入者へのケア 税の二重取り批判 リバウンドの発生	生活保護世帯，高齢者世帯等に対する費用負担軽減 「紙おむつ専用袋」の無料配布 公共ごみ袋の無料配布 住民との協働体制や監視カメラシステムの導入 住民合意形成（広報誌，住民説明会） 戸別収集

46　第3章　情報の収集と整理

ように千葉市と大阪市ではごみ減量化手法が異なる．このような差違がわかるように調査リストへ整理していく．調査を進めるにあたり，「ごみ減量化手法とその状況」に関する情報が多く収集された．

　さらに情報収集をしていくと，これらの取り組みに対して課題が挙げられていることがわかる．それぞれの手法に対してどのような課題が挙げられているかもわかるように調査リストを整理していく（表3.5）.

　課題に対する対策も挙げられている．表3.6に示すように，ある自治体では，「ごみの不法投棄」という課題に対して「住民との協働体制や監視カメラシステムの導入」という対策法を挙げている．このように，調査リストへ情報を整理していくと，情報がどんどん積みあがっていく．

3.5.2　文献リストの作成

　調査によって得た情報は，どの情報源のどこから得たものなのかを正確に文献リストとして記録しておくとよい．調査リストへ整理した項目のうち，リスト番号，著者，タイトル，出典，発行年月日といった文献の基本情報を文献リストとして作成する．

　情報源がWebページであった場合，①ホームページ名，②URL，③ホームページ開設（管理）者，④情報の掲載年月日，⑤閲覧日を記録しておくとよい．

　情報源が図書，雑誌・論文，新聞記事であった場合は，①著者名，②書名またはタイトル，③出典，④発行年月日を記録しておくとよい．

　次に，Webページ，図書，雑誌・論文，新聞記事の文献情報を示す．このような情報を表3.7のように文献リストへまとめておく．

(1)　Webページ

　　　例：①Webページ名：環境省

　　　　　②URL：http://www.env.go.jp/policy/hakusyo/h26/pdf.html

　　　　　③Webページ開設（管理）者：平成26年版　環境・循環型社会・生物多様性白書

　　　　　④情報の掲載年月日：2015.6.20

　　　　　⑤閲覧日：2019.5.2

(2)　図書

　　　例：①著者名：森下研

　　　　　②書名：ごみ問題をどうするか：廃棄・処理・リサイクル

　　　　　③出典：岩波書店

　　　　　④発行年月日：1997.10

(3)　雑誌・論文

　　　例：①著者名：西谷内博美

　　　　　②タイトル：インドにおける家庭からゴミを収集するという困難：住民福祉協会モデルは特効薬か?

　　　　　③出典：環境社会学研究，Vol.17

　　　　　④発行年月日：2011

（4） 新聞記事

例：①著者名：

②タイトル：「ごみの分別 『検討』 全国知事アンケート」，

③出典：毎日新聞，14 版，2013 年 3 月 6 日朝刊，1 面

④発行年月日：2013.3.6

調査リストに列挙した情報の中には，情報収集の目的に合致していなかったり，信憑性が低い情報も含まれている．そこで，必要な情報だけに焦点を絞り，情報を分析していく必要がある．第 4 章では，情報の分析について学ぶ．

表 3.7　文献リスト

番号	著者	タイトル	出典	発行年月日
1	森下研	ごみ問題をどうするか：廃棄・処理・リサイクル	岩波書店	H9.10
2	環境省	平成 30 年版 環境・循環型社会・生物多様性白書	http://www.env.go.jp/policy/hakusyo/index.html	H30.6.5
3	武蔵野市	武蔵野市のごみ量・ごみ減量への取り組み	http://www.city.musashino.lg.jp/kurashi_guide/gomi_kankyou_eisei/1004850/index.html	
4	安田火災海上保険，安田綜合研究所，他	循環型社会ハンドブック：日本の現状と課題	有斐閣	H13.4.30
5	田中勝，寄本勝美	ごみハンドブック	丸善出版	H22.4
6	千葉市	焼却ごみ削減ホームページ	http://www.city.chiba.jp/kankyo/haikibutsu/recycleinfo.thml	H31.4.1
7	大阪市	大阪市ごみ減量・リサイクル情報サイト	http://www.city.osaka.lg.jp/cibtents/wdu150/genryou/home/home_recycle.html	H31.4.1
8	埼玉県清掃行政研究協議会	ごみ減量化施策「家庭ごみ有料化」に関する検討報告書	http://saiseiken.jp/tyousa/data/H16-01.pdf	H17.3
9	山谷修作	ごみ見える化：有料化で推進するごみ減量	丸善出版	H22.4
10	山川肇，植田和弘	ごみ有料化研究の成果と課題：文献レビュー	廃棄物学会誌，Vol.12，No.4，pp.245-258，2001 http://www.jstage.jst.go.jp/article/wmr1990/12/4/12_4_245/_pdf	H13
11	渋川文隆	ごみ・レジ袋の有料化問題	参議院環境委員会調査，立法と調査 No.262 http://www.sangiin.go.jp/japanese/annai/chousa/rippou_chousa/backnumber/2006pdf 20061227044.pdf	H18.12
12	苫小牧市	家庭ごみ有料化に伴う各種課題について	http://www.city.tomakomai.hokkaido.jp/files/00008600/00008639/docu62.pdf	H29.4.1
13	大阪府四條畷市，一般財団法人地方自治研究機構	ごみ減量化及びごみ収集の効率化に関する調査研究	http://www.rilg.or.jp/004/h25/h25_02_01.pdf	H26.3
14	環境省	一般廃棄物処理有料化の手引き	http://www.env.go.jp/recycle/waste/tool_gwd3r/ps/ps.pdf	H25.4

演習問題

1. 文献で得た情報とインターネットで得た情報にはどんな違いがあるだろうか，考えてみよう．
2. インターネットから情報収集するとき，どんなことに気をつけなければならないだろうか，考えてみよう．
3. 皆さんが市役所を訪れ，環境課の職員へインタビューをすることになったとしよう．どのようなインタビューをするかチームで話し合ってみよう．
4. チームで情報収集した内容を調査リストにまとめてみよう．
5. チームで文献リストを作成してみよう．

文献ガイド

[1] 魚田勝臣編著，大曽根匡，荻原幸子，松永賢次，宮西洋太郎著：『IT テキスト基礎情報リテラシ第3版』，共立出版，2008.
[2] 猪平進，斎藤雄志，高津信三，出口博章，渡辺展男，綿貫理明：『ユビキタス時代の情報管理概論』，共立出版，2003.
[3] 大曽根匡編著，渥美幸雄，植竹朋文，関根純，森本祥一著：『コンピュータリテラシ―情報処理入門―第4版』，共立出版，2019.
[4] 北原保雄監修；日本学生支援機構著：『実践研究計画作成法―情報収集からプレゼンテーションまで―』，凡人社，2009.
[5] 環境省：平成30年版 環境・循環型社会・生物多様性白書，http://www.env.go.jp/policy/hakusyo/index.html，参照日：2018.6.5

第4章 問題の発見と情報の分析

　第3章で述べたような方法によって情報を収集したあとは，問題を発見してその原因を明らかにし，次の段階である解決案の創出（第5章）につなげる．収集した情報には，解決しようとしている問題には直接関係のない情報も含まれているかもしれない．また，収集した情報のままでは，問題を引き起こしている原因を明確に把握できないかもしれない．

　そこで，問題解決につなげるためには，収集した情報を整理・加工し，問題に関係する情報を明確に抽出する必要がある．これを情報の分析という．本章では，集めた情報から問題の解決に有効で本質的な情報を抽出し，それらの情報相互間での関係（原因と結果など）を解明するまでの工程で行うべき作業について述べる．

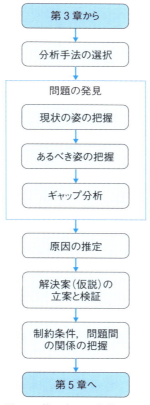

図 4.1　第 4 章での作業フロー

4.1 分析手法の選択

情報の分析を行うことによって，不要な情報を取り除き，問題解決に必要な本質的な情報を抽出できる．また，問題の原因と結果について，本質的な因果関係を抽出できる．これらを行うことによって，問題を正確に認識し，その解決に向けて適切な意思決定ができる．また，自己の主張点や判断の根拠を示すことができ，他人への説得力が増す（図 4.2）．

分析を行うための手法としては，社会調査法，科学的思考法，発想法などがある．これらの手法により，収集した情報を取捨選択，整理し，さらに必要に応じて再度情報を収集し，問題を明らかにする．扱う問題の種類や特徴に応じて適切な手法を選択し，分析を行う．通常，一つの手法のみを用いることは少なく，複数の手法を併用する．

(1) 社会調査法

社会調査法とは，社会的な仕組みを調査する手法を指す．問題を社会現象として捉え，そこで起こっている事象や傾向を調査していく．社会調査法には文献調査，インタビュー，アンケート，フィールドワークなどがある．問題解決においては，その分野の専門書を読む，インターネットで調べる，白書を調べるなど，さまざまな資料・文献を調査する．また，インタビューやアンケートをもとに網羅的な調査を行って問題を明らかにしていく．問題が何かすらわからない場合には，当事者として現場に入るフィールドワークを行う．

(2) 科学的思考法

科学的思考法では，問題を自然現象として捉え，法則性や傾向を発見していく．社会で起こる現象は，人間が意図的に作り出したものであるが，ある意味自然現象とも取れる側面がある．科学的思考法では，これらの現象を観察し，その仕組みや問題などの規則性・法則性を，帰納法や演繹法を使って科学的に見つけ出し，仮説検証法という手法で検証していく．社会調査法により集めた情報に基づき，類似性などに着目し帰納的に問題を発見していく．逆に，通説となっている理論を出発点としてこれから起こりうる問題を演繹的に予測する．仮説検証では，あらかじめ "こうすると

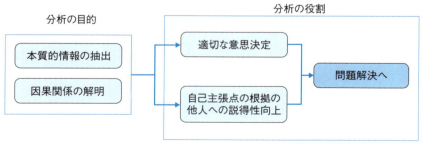

図 4.2　問題解決における情報の分析の役割

その結果こうなる"という仮説を立てて，実際にそれらについての情報を集め，仮説が正しいかどうかを検証する．

(3) 発想法

社会調査法や科学的思考法が物理的なものや仕組みを対象としているのに対し，発想法は人の頭の中にある概念を対象とする．概念を広げる発散手法と，広げた概念をまとめる収束技法がある．詳しくは第5章で述べる．

4.2 問題の発見

問題を解決するには，まず自分たちが取り組むべき問題が何なのかをはっきりさせる必要がある．本節では，そもそも「問題とは何なのか」を理解し，次に，どのように問題を明らかにしていくのか，その手順について述べる．

4.2.1 現状の姿とあるべき姿の把握

問題とは，現状の姿とあるべき姿とのギャップである（図4.3）．目標に対して，現実にギャップがあれば，それらを問題として抽出する．現実の状況が目標に到達していない場合，すなわちギャップが存在する場合には，それらが問題である．

たとえば，リユース・リデュース・リサイクルの3R活動を実施していても，実際にはその目標である「ごみを減らす」ことを達成できていない，という状態は，そこに何かしらの問題が発生しているからだと考えられる．問題を知るには，まずは現状の姿とあるべき姿を明確にする必要がある．しかし，単に「ごみが減らない」という表現では曖昧であり，このままでは問題を解決するための方策，つまりあるべき姿に近づけるための方策を考えることができない．

問題は，「～がない」や「～できない」といった目的を否定する表現と，「～が必要」や「～があれば解決できる」といった目的達成のための手段による表現などが考えられるが，前者の場合は現状の姿そのものが問題の表現になっており，一方で後者はあるべき姿によって問題を表現している．問題は，これらの姿の差，つまりギャップであるため，現状と理想の双方を明確にしておく必要がある．

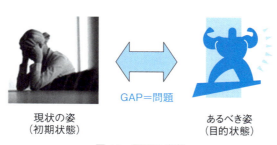

図4.3　問題の定義

4.2.2 ギャップ分析

「問題を解決する」とは，現状から理想へ近づける方法を見つけ，実践することである．そのためには，具体的なギャップを明確にしなければならない．たとえば，「ごみが減らない」という問題を詳細に分析していくと，「ごみの排出量が減らない」という問題と「ごみの資源化が進まない」という問題に分けることができる．

まず，「ごみの排出量が減らない」理由について調べてみる．ごみの内訳として，一般家庭から出る生活系ごみと，企業などの事業者から出る事業系ごみにわけることができ，そのうち65%が生活系ごみであることがわかる．さらに統計資料などから，事業系ごみは順調に減っているが，生活系ごみが依然として減っていないことがわかる．

これに対して，ある自治体では，「住民一人当たりが1日に排出するごみの量を1000gにする」という目標を立てているが，現状は1100gとなっており，目標に達していない状態．つまり，「一人が1日に排出するごみの量が1100g」が現状の姿で，「一人が1日に排出するごみの量が1000g」があるべき姿となり，さらに「あと100gごみの量が減らない」ということが問題となっている．つまり，「あと100gごみの量を減らす方法を考える」ことが問題解決となる．

このように，「ごみが減らない」という曖昧な表現の問題も，具体化・数値化することで，客観的に，ギャップとして捉えることができるようになる．

4.3 原因の推定

問題が明らかになった後は，それぞれの原因を推定していく．これらの問題に対する原因を考察しリストアップする．原因は，さらにそれを引き起こしている複数の原因に分けられ，また因果関係の多層構造になっている場合もある．階層の深さは，個別の原因に対する対策が想定される深さまで，ブレークダウンする（図4.4）．

一方で，問題解決の目標は明確になっているが，たとえば，企業における将来の売上計画や新商

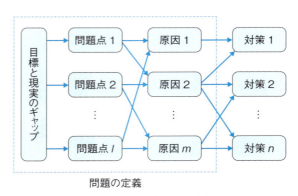

図4.4 原因のブレークダウン

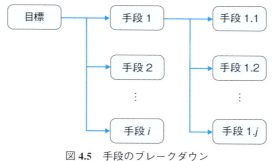

図 4.5 手段のブレークダウン

品開発のように，計画時点ではまだ現実の状態が存在しないような場合を考える．このような場合には，問題や原因がはっきりしない，あるいははっきりさせる必要がないため，目標から直接解決案を考えることになる．つまり，現状の姿とあるべき姿のギャップを実際には観測できないので，目標（What）を達成する手段（How）にブレークダウンしていく（図 4.5）．手段実施後の成果についても現実を観測できないので，仮に上記の手段が実施された場合に，どのような結果になるかという推定を繰り返し行うことになる．これを仮説検証という．仮説検証については，4.4 節で詳しく述べる．

問題の原因を明らかにし，他者との共通認識を築き，合意を図るためには，モデルを作成することが有効である．「モデルを作成する」とは，収集した情報を図解や数値などによって整理し，対象をより具体的に表現することである．モデルには，私たちが日常的に使う言語によって表現した言語的モデルと，数値により表現される数量的モデルがある．

数量的モデルは幅広い条件で現実世界の出来事を表現できる汎用性があり，また，異なる状況における予測性が高い点で，言語的モデルより利点が多い．しかし，問題の性質や分析者の数学的素養によってはモデルを作成することが困難な場合がある．このような場合は言語的モデルを作成することとなるが，双方を併用することも多い．全体をまとめるのが言語的モデルで，それを補足するために数量的モデルを使用する．

数量的モデルでは，各種の数値分析手法を適用してグラフなどを作成して分析を行う．言語的モデルでは，図的表現（図解）を行い，普段われわれが日常で使用する言葉を用いて情報を整理し，分析を行う．数量的モデルには，さまざまなグラフ表現や統計分析などがあるが，本書では割愛する．以下では，言語的モデルの例をいくつか紹介する．

(1) マインドマップ

マインドマップでは，まず中心となるアイデアを図の中央に置き，そこから放射状にキーワードやイメージをつなげて表現していく．

(2) 特性要因図

特性要因図は，フィッシュボーンとも呼ばれ，問題とその問題に影響を及ぼしていると思われる要因との関連を整理し，魚の骨のような形にまとめた図である．図 4.6 に，生活系ごみが減らない原因を探るために作成した特性要因図を示す．

第 4 章　問題の発見と情報の分析

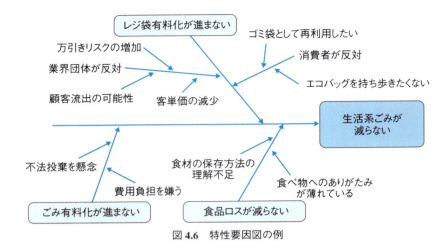

図 4.6　特性要因図の例

　第 3 章で調べた文献から，生活系ごみが減らない理由として，レジ袋の有料化が進まない，ごみ処理の有料化が進まない，食品ロスが減らないという 3 つがあることがわかった．さらに，レジ袋の有料化が進まない理由として，消費者と小売店を中心とした業界団体の双方の反対意見があることがわかった．消費者が反対する理由としては，レジ袋を自宅等でゴミ袋として利用したい，買い物をするタイミングでエコバッグを持ち合わせていない，常に持ち歩くのが面倒という理由がある．こうした理由から，レジ袋有料化の導入は顧客の流出，客単価の減少にもつながる．また，レジ袋は会計が済んだかどうかの目安となっていたが，それがなくなることにより，万引きのリスクが増加した．ごみ有料化，食品ロスについても同様に原因を整理していき，それぞれの論理構造を枝葉として表現していくと，図 4.6 のようになる．

(3)　ロジック・ツリー

　ロジカル・シンキング（論理的思考）とは，結論に至るまでの筋道が論理的に適切になるようにものごとを考えることである．たとえば，いきなり「明日は雨が降る」と主張しても，相手は納得しない．納得するには，適切な理由が必要である．「天気予報で降水確率が 90％ と言っていたので，明日は雨が降る」というふうに，その理由と結論が論理的につながっていなければならない．しかし，いつも結論がわかっているとは限らない．結論がわからなければ，その原因を見つけることができない．また，論理の道筋を立てることもできない．つまり主張を構築することができない．このようなときに，原因を発見する技法が必要となる．この代表的なものとしてロジック・ツリーがある．

　ロジック・ツリーは，原因を探ったり，解決案を具体化していくときに網羅性を確保できる．ロジック・ツリーでは，原因や解決案をツリー状に論理的に分解・整理していく．漏れや重複をチェックすることができ，原因・解決案を具体化したり各内容の因果関係を明らかにしたりすることができる．ロジック・ツリーでは，対象や原因を細分化してツリー状の階層構造で表現する．この細分化の過程で，本質的な問題や原因を見つけ出すことができる．ロジック・ツリーを作成するには，まず詳細化したい問題や達成したい目標をトップに置き，そこから「なぜ？」や「どうやって？」を繰り返してその原因や解決案をもれなく重複なく洗い出していく（図 4.7）．

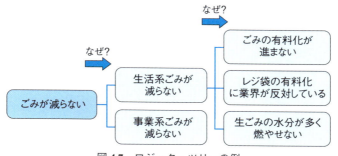

図 4.7 ロジック・ツリーの例

4.4 解決案の立案と検証

(1) 仮説検証とは

問題と原因を具体化することができた後は，その解決に向けた仮の方策，いわゆる仮説を立てることになる．仮説検証では，はじめに「こうすると結果としてこうなる」という仮説を立て，実際に実施した結果から，仮説のとおりになったのかを検証する．この仮説検証を何度も繰り返すことで少しずつ仮説を正しい方向に修正していき，事実に近づけていくことができる．

(2) 仮説検証の手順

まず，情報の収集で集めた資料・文献などから，複数の独立した事実を列挙する．そして列挙した事実から，帰納的に問題を明らかにする．次に，明らかになった問題から，演繹的に考え得る解決法を仮説として推論し，検証を行う．前述の「ごみが減らない」という問題に対しては，たとえば「レジ袋の有料化」や「ごみの有料化」などの解決案が考えられる．そして，その解決案が問題に対して本当に有効であるかどうかについて検証を行いながら，さらに案を練っていく．

(3) 仮説検証のための情報収集

「仮説検証」＝「自分の頭の中でのシミュレーション」と置き換えるとわかりやすい．「仮説を立てる」とは，発想力を駆使して，あらかじめ頭の中にシナリオをたくさん思い描いておくことにほかならない．事前にさまざまな解決パターンを考えておくことにより，成功へつなげることができる．情報の収集と分析により，あらかじめ複数の仮説を用意しておくことは，問題解決には欠かせない行為である．問題解決の成否は，この情報収集力にかかっているといっても過言ではない．計画性があり，情報を分析し，ある種の理論に基づいて行動する，検証してみる，といったことが不可欠である．行き当たりばったりでは失敗するリスクは高く，仮説検証によりあらゆる可能性を模索しておくことが重要である．

ただし，収集する情報は，どんな情報でも良いわけではない．自分が解決すべき問題にとって役に立つ，発想に必要な情報を集めることが求められる．また，ただ仮説を立てるだけでは一個人の偏った意見にすぎない．仮説はあくまで仮のシナリオであり，比較すべき対象，判断の根拠となる

データや実験などがないと，それが正しいかどうかは，第三者にはまったくわからないのである．よって，仮説の立案と検証はセットで行う必要がある．

(4) 仮説検証の方法

仮説検証には，数量的モデルの作成が有効な場合がある．数量的モデルを作成するためには，第3章で述べたようなアンケートや統計資料などから数値データを収集する必要がある．身近な例では，コンビニのレジで収集した売上データと，天気などの外部の情報を組み合わせることで，廃棄ロスを減らしたり，売れ筋を分析したり，といったことが行われている．まず，店員の勘から「清涼飲料水の売上と天気には何らかの関係がある」という仮説を立て，その仮説をもとに販売計画を立てて実施し，実際のデータと比較しながら発注量や在庫量を調整している．

(5) 仮説検証を正しく行うために

仮説検証を正しく行うには，最初に立てる仮説を，可能な限り正しいものにすることが重要である．最初の仮説が見当違いであると，検証が困難で，正しい結果に到達するまでに多くの時間を費やしてしまう．

また，仮説はあくまで仮説であり，自分の意見や考えに囚われすぎないようにする．自分の意見や考えに固執するあまり，仮説に無理なこじつけやゆがんだ解釈を入れて誤った結論を導いてしまうことになる．大切なのは，仮説が正しいことを証明するのではなく，正しい結論を導くことである．

仮説検証は，実際にはこの節で述べた解決案の検証のみに限らず，発見した問題が正しかったかどうか，推定した原因が正しかったかどうかなど，問題解決におけるあらゆる場面において行われる．

4.5 制約条件と問題間の関係の把握

(1) 問題解決に伴う制約条件

問題解決には大なり小なり何かしらの制約条件が発生する．たとえば，4.4節では解決案として「レジ袋の有料化」や「ごみの有料化」を考えたが，これらを実現する場合，前者に対しては業界の反対，後者に対してはリバウンドや不法投棄の増加，税の二重負担による反対などがあり，いずれの解決案にも制約条件がかかってくる．これらの制約条件の影響の大小により，解決案を絞り込んでいく（第5章参照）．ここで，4.2.1項で述べた問題の定義とこの制約条件について再度整理すると，問題解決の構成要素として，①現状の姿，②あるべき姿，③制約条件，④解決方法，の四つがあることになる（図4.8）．

(2) 問題間の関係の明確化

通常，問題は良定義問題と悪定義問題に分けることができる．良定義問題とは，たとえば数学の問題のように，図4.8の四つの構成要素が明確に定義されている問題である．一方，悪定義問題と

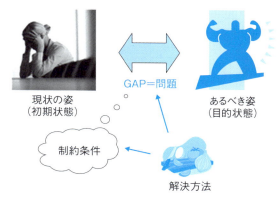

図 4.8　問題解決の構成要素

は，社会問題のように，それぞれの構成要素が完全には定義されていない問題を指す．本書で事例として取り扱っている環境問題は悪定義問題となる．

悪定義問題は，かかわってくる利害関係者が多いため，立場によって問題が異なって見えてしまう．また，問題自身が時間の経過とともに変化してしまう．さらに，通常，悪定義問題は単独では存在せず，複数の問題が複雑に絡み合って起こっている．問題の構成要素間，つまりそれぞれの問題の現状の姿同士やあるべき姿同士に，因果関係，類似関係，対立関係などの関係性がある．

因果関係とは，原因と結果の関係になっていることを言う．たとえば「コストが高いから利益が低い」という問題においては，「コストが高い」と「利益が低い」には因果関係がある．類似関係とは，問題同士に共通点がある，抽象と具体の関係になっているようなことを言う．「売上が低い」と「ある商品の売上が低い」は類似関係になる．対立関係とは，問題同士の利害が対立しており，トレードオフの関係にあることを言う．「品質を高める」と「コストを下げる」のような関係が挙げられる．

さらに，因果関係を含む問題の場合は，第三の要因に注意する必要がある．たとえば，灯油の使用量と手袋の売上について考えてみると，これらの数値データには相関が見られる．しかし，「灯油が売れると手袋が売れる」と解釈するのは早計である．実はこれらの間には第三の要因が存在する．つまり，灯油も手袋もそれぞれ「気温が低い」という要因があるため売上が上がっており，一見すると灯油と手袋の売上に因果関係があるように見られるが，実際にはそれぞれ別の要因である気温との因果関係があるのである．

このように，悪定義問題は複数の問題同士が複雑に絡み合っているため，制約条件や解決方法は必ずしも一つではない．問題の構造を明確にした上で，問題間の関係を考慮に入れ，最良の解決方法を選択する必要がある．

4.6　分析事例

以上で述べた方法と手順に従って，ごみ問題の分析を行う．この事例における第 4 章時点でのゴールは，目標と問題と原因をはっきり定義することである．

第4章　問題の発見と情報の分析

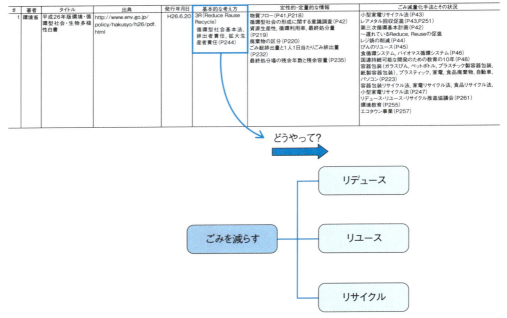

図 4.9　ごみ問題の分析例①

(1)　ロジック・ツリーによるごみを減らす手段の詳細化

　まず，図4.5で説明したように，目標に対する手段を詳細化していく．第3章で調べた文献によると，ごみを減らす手段として，リユース・リデュース・リサイクルの三つがあることがわかっている（図4.9）．3R活動推進フォーラムの定義によると，リデュースは，使用済みになったものが，なるべくごみとして廃棄されることが少なくなるように，ものを製造・加工・販売すること，リユースは，使用済みになっても，その中でもう一度使えるものはごみとして廃棄しないで再使用すること，リサイクルは，再使用ができずにまたは再使用された後に廃棄されたものでも，再生資源として再生利用することである．

　同様に，これらの三つを実現するための手段を，第3章で情報収集した表3.7の文献1，3の内容や，表3.4の「ごみ減量化手法とその状況」に整理した内容から，図4.10のようにブレークダウンできる．

(2)　制約条件による解決案の絞り込み

　ここで，「ごみを減らすにはリユース・リデュース・リサイクルが有効である」という仮説を立て，検証する．表3.7の文献11によると，リサイクルに対する施策は，さまざまな法律（家電リサイクル法，容器包装リサイクル法など）を含め，すでに整備が進んでおり，これ以上の削減効果が望めないことがわかる．一方，リデュース，リユースについては，リサイクルほど取り組みが進んでいないが，リユースは対象品目が限定され，広がりが小さいことから，リサイクル同様，削減効果は低いと判断できる．これらの分析結果により，「ごみを減らすにはリユース・リデュース・リサイクルが有効である」という仮説から，「ごみを減らすにはリデュースが有効である」という仮説に絞り込むことができる（図4.11）．

4.6 分析事例

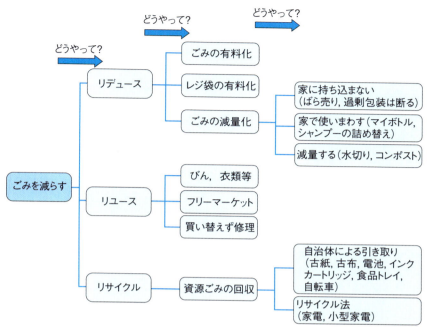

図 4.10　ごみ問題の分析例②

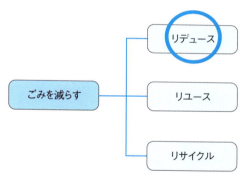

図 4.11　解決案の検証①

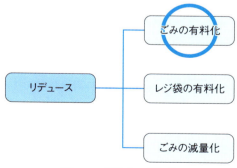

図 4.12　解決案の検証②

この仮説が正しいかどうか，さらに調査を進める．図4.10に示すように，リデュースの手段としては，ごみの有料化，レジ袋の有料化，ごみの減量化などが考えられる．しかし，表3.7の文献11によると，レジ袋の有料化については，エコバッグを持参することを厭う買い物客も多く，そうした顧客が他店舗に流出してしまうという小売店側のリスクも高くなる．また，エコバッグに入りきる分しか購入しない傾向にあるため，客単価が下がり，さらにエコバッグを利用した万引きも増えており，スーパーなど小売業界の反発も強い．ごみの減量化に関しては，一人ひとりの意識の問題であり，劇的な改善は難しい．よって，先の仮説からさらに「ごみを減らすには，ごみの有料化が有効である」という仮説を得る（図4.12）．

(3) 数量的モデルによる仮説検証

表3.7の文献14に掲載されている調査データによると，多くの自治体がごみ有料化に減量効果を期待していることがわかる（図4.13）．

さらに同資料によると，有料化前のごみの量と有料化後3年が経過した後のごみの量の関係を分析した結果，ごみの減量化に効果があることがわかっている．図4.14は，数量的モデルの散布図である．

散布図は，二つの要素間での相関を可視的に把握するのに使用するグラフである．Excelなどの表計算ソフトを用いると，相関の傾向を示す回帰直線も容易に求めることができる．図4.14は，ある自治体において，1年間に一人当たりが排出するごみの量を，有料化前と有料化してから3年が経過した後の関係をプロットしたものである．点は大きく散らばっているが，グラフ上で傾きが1の直線よりも下に点が多いということは，横軸の有料化前より，縦軸の有料化3年後の方がごみの量が少ない自治体が多いことを示している．つまり，「ごみを減らすには，ごみの有料化が有効である」という仮説は正しかったことになる．

(4) 問題の詳細化と原因の推定

ここで，ごみの有料化の現状について表3.7の文献14を調べてみると，その取り組みには自治体によってかなり差があることがわかり，改善の余地が残されている．また第3章の調査でも明らかになったとおり，ごみの65%は家庭から出る生活系のごみであることから，その削減効果は高

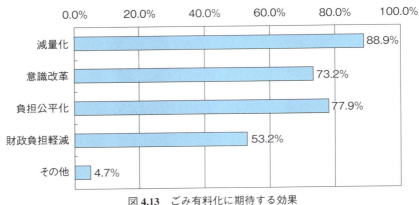

図4.13 ごみ有料化に期待する効果

いと考えられる．このように，ごみの有料化は効果が認められているにもかかわらず，進んでいないのが現状の姿である．その原因について，図4.4で示した方法でブレークダウンしてみる．

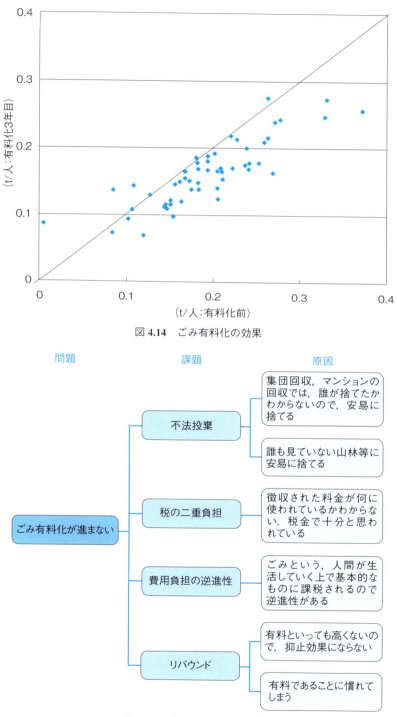

図 4.14 ごみ有料化の効果

図 4.15 ごみ有料化を阻む課題

表3.7の文献1, 10, 12の内容や表3.5の「当該手法の課題」で整理した内容から，①お金を払ってごみを出すことを嫌って不法投棄が増えるのではないか，②税金を使って処理しているにもかかわらずまたお金を払うことは二重取りになるのではないか（税の二重負担），③高齢者や低所得者層などの所得の低い家計ほど費用負担率が増えるという逆進性の懸念がある（費用負担の逆進性），④有料化で一時的にごみの量が減ってもまた増えるのではないか（リバウンド），といったことが有料化を阻んでいることがわかる．さらにこれら四つの課題の原因を調べてみると図4.15のようになる．つまり，「ごみが減らない」という問題を解決するには，これらの原因に対する対策を考え，実施する必要がある．

問題の発見と情報の分析は，基本的には図4.1で示した手順で進めるが，実際の問題解決はそう簡単ではない．本節で示した分析例のように，図4.1の手順を行ったり来たり，場合によっては第3章の情報の収集・整理にまで戻ることもある．大事なのは手順ではなく，集めた情報によって正確に，論理的に問題を明らかにすることにある．

演習問題

1. 社会調査法のうち，アンケートやインタビューを行う際の注意点を議論してみよう．
2. 「グループワークがうまくいかない」という問題について，ロジック・ツリーを描いてみよう．
3. 「グループワークがうまくいかない」という問題について，特性要因図を描いてみよう．
4. 「グループワークがうまくいかない」という問題について，解決案を話し合ってみよう．
5. 4で出した案を実施したとして，本当に問題の解決につながるかどうか，文献や資料を調べて客観的な根拠を探し，検証してみよう．
6. 4で出した案を実施する際に，どんな制約条件が考えられるか，話し合ってみよう．

文献ガイド

[1] 大川敏彦：『改訂業務分析・設計手法』，ソフト・リサーチ・センター，2008.
[2] H. カーニー著，認知科学研究会訳：『問題解決』，海文堂出版，1989.
[3] 安西祐一郎：『問題解決の心理学：人間の時代への発想』，中央公論社，1985.
[4] 情報システム学会：『新情報システム学序説』，情報システム学会，2014.
[5] 猪平進，斎藤雄志，高津信三，出口博章，渡辺展男，綿貫理明：『ユビキタス時代の情報管理概論』，共立出版，2003.
[6] 中野明：『ロジカル・シンキング実践ワークブック：完全図解』，秀和システム，2009.
[7] 竹内薫：『仮説力：できる人ほど脳内シミュレーションをしている』，日本実業出版社，2007.
[8] 魚田勝臣編著，大曽根匡，荻原幸子，松永賢次，宮西洋太郎著：『IT テキスト基礎情報リテラシ 第3版』，共立出版，2008.
[9] 佐藤郁哉：『実践フィールドワーク入門』，有斐閣，2002.
[10] 小野田博一：『論理思考力を鍛える本：実践トレーニング！』，日本実業出版社，2010.
[11] 酒井隆：『調査・リサーチ活動の進め方』，日本経済新聞出版社，2002.
[12] 日経ビジネスアソシエ（編）：『実践ロジカルシンキング』，日経BP社，2009.

第 5 章 解決案の創出

　第 4 章では，目標に対して問題を洗い出し，それらの問題に対する原因を分析した．本章では，原因を解決する解決案を創出する．

図 5.1　第 5 章での作業フロー

5.1　解決案創出の概要

　第 4 章までで，「ごみが減らない」という問題を解決するには，ごみの有料化が有効であることがわかった．しかしごみの有料化はその効果が認められているにもかかわらず，有料化を実施するに際しては，四つの課題があることが明らかとなった（図 4.15）．ここでは，これらの課題のうち，特に「ごみの不法投棄」について，その解決案を創出する（図 5.2）．
　第 4 章で明らかにした課題，原因に対して，まず解決案のもととなるアイデアを発想し，その中から，より良いものを選択して解決案にする．このもととなるさまざまな解決のためのアイデアをできるだけ多数，発想する．そこで，さまざまなアイデアを発想し整理する方法を手順化した．

第5章 解決案の創出

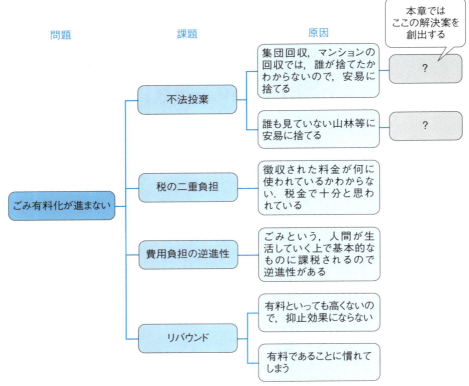

図 5.2 課題・原因の関係図（図 4.15 の再掲）

発想法と呼ばれる手法を使う．

これまで多くの発想法が提案されているが[1],[2]，本章では，基本的な発想法であるブレインストーミング[1],[2]と KJ 法[3],[4]を組み合わせた方法を採用する．すなわち，ブレインストーミングによってアイデアを体系的に発想し，KJ 法によって発想したアイデアを整理して解決案を創出する．

ブレインストーミングは，アレックス・オズボーンにより提案された発想法であり，チームを作って会議形式で次々にアイデアを出し合う技法である．アイデアはカードや付箋紙に書いてプレートに貼り付ける．あるメンバがアイデアを発想すると，それに触発されて他のメンバが別のアイデアを発想するというやり方で行う．単独でアイデアを出すよりも多くのアイデアを出せることが特徴である．そのため発散型手法と呼ばれている．

KJ 法は，川喜田二郎による技法で，ブレインストーミングで作ったカードを使って三つの段階を経て結論に導く．すなわち，①カードをグループにまとめる，②図解化する，③文章で綴る，の 3 段階である．一人でも行えるが，3〜7 人程度のグループで実施するのが一般的である．この手法は収束型発想法と呼ばれている．

5.2 解決案創出の手順

本節では，解決案創出までの手順を示す．

発想法の適用に先立って，解決案を検討する際の制約条件と，解決案の候補の中からより良いものを選択する評価尺度を決める．次に，発想法を用いて，解決案のもととなるアイデアを発想し，その中から解決案の候補を絞り込む．最後にそれらを評価尺度に基づいて評価し，より良いものを解決案として創出する．

5.2.1 制約条件と評価尺度の明確化

解決案を考える準備として，まず二つの事項を整理する．一つは，解決案を考える際の制約条件であり，もう一つは，複数の解決案が出た際に，その中からどのような基準でより良いものを選ぶかの評価尺度である．

(1) 制約条件の明確化

解決案を考えるときには，予算やスケジュールなど，いろいろな制約条件があることが多い．制約条件が変われば解決案も変わることがあるため，これをあらかじめ明らかにしておく必要がある．本章では，「自治体が行う」施策であることを制約条件として「ごみの不法投棄」問題の解決案を創出していく．

(2) 評価尺度の明確化

複数の解決案が挙げられる場合には，それらの中からより良い解決案を選ぶための評価尺度を明らかにしておく必要がある．これにより，自分たちの価値観がどこにあるのかが明確になる．たとえばコスト，実施期間，実現性，効果，利便性など，一つではなく複数あることもある．その場合にはそれらをすべて洗い出し，どの評価尺度をより重要と考えるのかも事前に決めておく．また，評価尺度には，定量的なものと定性的なものがある．定量的な評価尺度とは，数字で表せる評価尺度である．たとえばコストは金額で表せ，実施期間も日数で表せることから定量的な評価尺度である．一方，実現性や効果，利便性は，定量的に測ることが難しい定性的な評価尺度である．評価尺度はどちらを選んでも構わない．

本章では，「市民の負担」，「自治体の負担」，「解決案の実現性」，「適用範囲の広さ」†，「効果」を評価尺度とし，このうち，特に「市民の負担」と「効果」に重点を置くことにした．

---

† 「適用範囲の広さ」とは，日本のどの自治体でも実施できる汎用性のある解決案であるかどうかを意味する．

5.2.2 アイデアの発想と整理

　ブレインストーミングを用いて，既成概念や常識を打ち破ったさまざまな解決のためのアイデアを発想し，次に KJ 法を用いて，発想されたアイデアを整理する．

(1)　ブレインストーミングの手順

■参加者：

- 3 人〜7 人
- 会議がうまく進むように全体の流れをコントロールする参加者（ファシリテータと呼ぶ）を1 人決める．

■準備するもの：

- 付箋紙
  裏面に糊が塗ってある 5cm 四方程度の用紙．アイデアを書きつけるために使う．
- 筆記具
  付箋紙に記入するための筆記具．参加者全員が見えるようにフェルトペンを使う．
- プレート
  付箋紙を貼りつけるホワイトボードあるいは大きな模造紙[†]

■手順

以下の原則に従って，①〜⑤の作業を行う．

原則 1：アイデアは，質よりも量を重視する．くだらないと考えずに，思いついたものはすべて書く．

原則 2：他人のアイデアを批判したり，評価しない．批判や評価をすると，委縮してアイデアが出なくなる．

原則 3：それまで出されたアイデアを発展させたり組み合わせて，より多くのアイデアを出す．

原則 4：突飛なアイデアを称賛する．

①　各自が，解決のためのアイデアを一枚の付箋紙に簡潔に 2，3 行で書く．文章が長くなるようなら，複数のアイデアが含まれている可能性があるので分割し，それぞれを別の付箋紙に書く．

②　付箋紙をプレートに貼り付ける．この際，関連のあるアイデアの付箋紙は，近くに貼り付ける．

[†]　ホワイトボードは，付箋紙を貼りつけられる面積は広いが，持ち帰ることはできない．一方，模造紙は，会議の後に持ち帰って整理するのに適しているが，付箋紙を貼り付けられる面積はホワイトボードより狭い．一長一短があるため，状況に応じて使い分ければよい．

5.2 解決案創出の手順　67

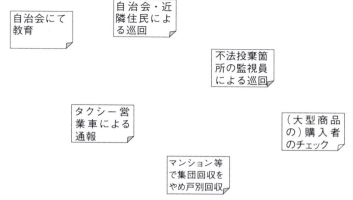

図 5.3　付箋紙のプレートへの貼付

③　プレートに貼り付けられた付箋紙を見て，それをさらに膨らませるアイデアが出たら，新たに付箋紙に記入し，元の付箋紙の近くに貼り付ける．
④　以上を，アイデアが出なくなるまで続ける．
⑤　アイデアが出なくなったら，ファシリテータが呼び水となるようなアイデアを出したり質問をし，発想をさらに活発化させる．

　図 5.2 に示した不法投棄の問題について，まずはメンバそれぞれが発想した解決のためのアイデアを付箋紙に書き，それをプレートに貼り付けていく（図 5.3）．
　ここで，「マンション等で集団回収をやめ戸別回収」とは，マンション等でごみを集団回収すると誰が捨てたかわからず不法投棄につながりやすいことから戸別回収にするというアイデアである．また，「（大型商品の）購入者のチェック」とは，家電製品などの大型商品について，購入時に

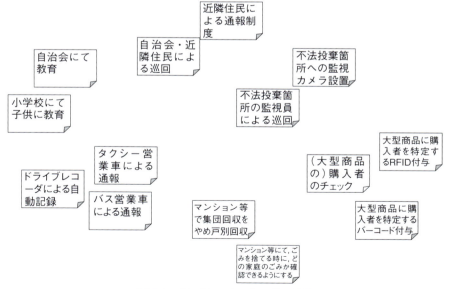

図 5.4　ブレインストーミングの結果

誰が購入したかの情報を何らかの手段で家電製品本体に貼り付けるというアイデアである．

さらにブレインストーミングを続け，一通りアイデアが出尽くしたところを，図 5.4 に示す．

(2) KJ 法の手順

はじめに KJ 法を実践している様子を図 5.5 に示す．ここでは，教員がファシリテータを担当し，プレートの上でグループ化の作業をしている．

図 5.5　KJ 法実践の様子

■参加者：
- 3 人〜7 人
- ファシリテータを参加者の中から 1 人決める．

■準備するもの：
- ブレインストーミングの結果得られた，アイデアが書かれた付箋紙
- 新しい未記入の付箋紙
- 太めのフェルトペン
  複数の色があるとよい．
- プレート
  付箋紙を貼りつけるホワイトボードあるいは大きな模造紙

■手順
① 付箋紙の小グループ化

関連すると思われるアイデアごとにグループ化して，グループの内容を簡潔に表す見出しを付けていく．グループ化することにより，アイデアをより一般化して捉えることができるようになる．どの付箋紙が小グループを表すかが識別できるように，文字や付箋紙の色を変えるとわかりやすい．

図 5.4 の「不法投棄箇所への監視カメラ設置」と「不法投棄箇所の監視員による巡回」を，「不法投棄箇所の監視」という小グループにまとめた様子を図 5.6 に示す．以下，小グループを薄いブルーの付箋紙に書いている．

5.2 解決案創出の手順

図 5.6　小グループ化の様子

このようにして，図 5.4 に出されたアイデアをグループ化してみると五つの小グループと 2 枚の独立した付箋紙に整理された（図 5.7）．

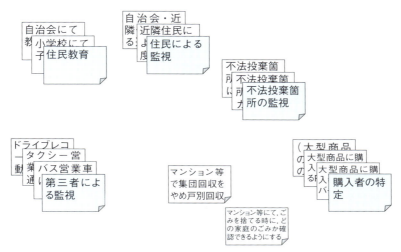

図 5.7　小グループ化

② 付箋紙の大グループ化

図 5.7 の小グループをさらに大きなグループに整理してみる（図 5.8）．

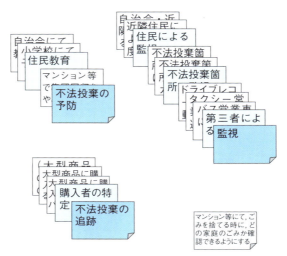

図 5.8　大グループ化

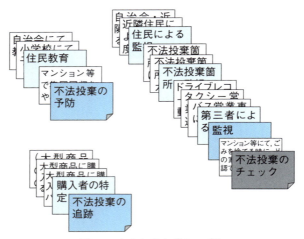

図 5.9　さらなる大グループ化

　ここでは，「住民による監視」，「不法投棄箇所の監視」，「第三者による監視」は，すべて監視という観点で大グループに束ねた．また，単独の付箋紙である「マンション等での集団回収をやめ戸別回収」は，小グループ「住民教育」と合わせて「不法投棄の予防」に大グループ化した．

　さらに，「監視」グループに「マンション等にてごみを捨てる時に，どの家庭のごみか確認できるようにする」を合わせて，「不法投棄のチェック」（グレーの付箋紙）というグループにまとめた（図 5.9）．

③　大グループの空間配置

　大グループにまとめたら，それらを互いの関連が視覚的に理解しやすいようにプレート上に再配置する．これを空間配置と呼ぶ．たとえば，因果関係がある大グループを上から下に並べたり，時間的な順序関係がある大グループを左から右に並べたりする．図 5.10 では，三つの大グループを，時間的な順序関係に着目して左から右に並べ空間配置してみた．ここでは，「不法投棄の予防」→「不法投棄のチェック」→「不法投棄の追跡」という時間的な順序を想定している．

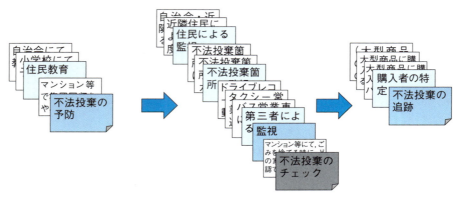

図 5.10　大グループの空間配置

5.2 解決案創出の手順　71

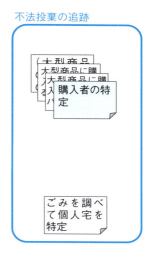

図 5.11　大グループの展開

④　グループの展開

　空間配置した個々の大グループについて，一度グループ化したものを，再度分解して空間配置することにより，グループとそれに含まれるアイデアの関係を視覚的に理解しやすくする．図 5.10 の大グループを展開した結果を図 5.11 に示す．②でグループ化した小グループや単独の付箋紙を再度分解して，それらを互いの関連を考えながら空間配置する．次に，それらを含む枠をフェルトペンでプレート上に描き，そこに大グループのタイトルを書く．それができたら小グループに対しても，同様の処理をする．

　展開の際に，新たに「ごみを調べて個人宅を特定」というアイデアが，大グループ「不法投棄の追跡」のアイデアの一つとして出たので追加している．なお，このアイデアには，プライバシ侵害の懸念があることから，新しい評価尺度として，「プライバシ」を追加することにした．
　さらに，図 5.11 に含まれる小グループを展開した†結果を，図 5.12 に示す．

⑤　グループの関連付け

　複数の大グループや小グループ，あるいは単独の付箋紙の間の関連性が視覚的に理解しやすくなるよう，それらを矢線で結ぶ．関連性には，「因果関係」，「具体化」，「等価」，「類似」などがある．表 5.1 に関連性と矢線の対応を示す††．

---

† 本事例では小グループまで展開したが，付箋紙の数が膨大になる場合には，大グループの展開で留めても構わない．
†† 線で結ぶと見づらくなることがある．「等価」や「類似」などの関連の場合には，線で結ぶ代わりに，関連するグループを，フェルトペンで囲みタイトルを付けてもよい．

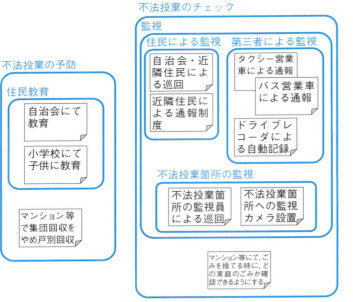

図 5.12　小グループの展開

表 5.1　矢線の種類

種類	説明	矢線
因果関係	二つの付箋紙の間に，片方が原因，もう片方が結果という関係がある	→
時間的順序関係	二つの付箋紙の間に，時間的な順序関係がある	→
具体化	ある付箋紙のアイデアを具体化したものが別の付箋紙となっている	→●
等価	二つの付箋紙の内容が等しい	＝
類似	二つの付箋紙の内容が類似している	←→

図 5.12 を眺めた結果，グループ間にはつぎのような関連があることに気付いた．

A)　大グループ「不法投棄の予防」，「不法投棄のチェック」，「不法投棄の追跡」には，③で述べた時間的な順序関係があると考えた．

B)　「集団回収をやめ戸別回収」により予防措置を講じ，ごみを捨てる時どの家庭が不法にごみを捨てようとしているのかを容易に確認できるようになる．それでも不法投棄されたごみを発見した場合には「ごみを調べて個人宅を特定」するという因果関係があると考えた．

C)　「（大型商品の）購入者のチェック」の具体的な実現手段として「RFID[†††]付与」や「バーコード付与」が考えられるので，「（大型商品の）購入者のチェック」から残りの2つの付箋紙に，「具体化」を表す関連の線を引いた．

グループ間の関連性を矢線で結んだものを図 5.13 に示す．

[†††] 購入者の情報などを抽出できる IC チップの一種．

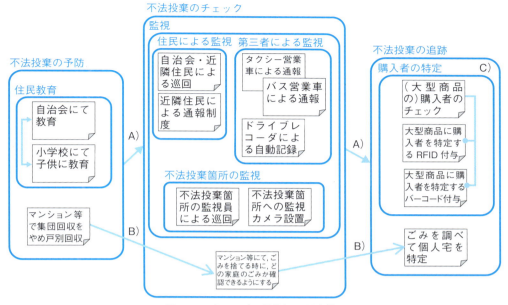

図 5.13 グループや付箋紙の関連付け

⑥ 文章で表現・記録

最後に，プレートに書かれた結果をきちんと文章で表現して記録する．

5.2.3 解決案への落とし込み

5.2.2 項で発想されたアイデアの中で，5.2.1 項で決めた制約条件に基づき，より詳細に評価する価値が認められないものをふるい落とし，解決案を絞り込む．図 5.13 には，15 種類のアイデアが列挙されているが，これら中で，制約条件である「自治体の施策」に該当しないアイデアや，解決に結びつくとは思えないアイデアを除き，解決案を絞り込む．

まずは，

a．マンションに関わる三つのアイデア「マンション等で集団回収をやめ戸別回収」，「マンション等にて，ごみを捨てる時にどの家庭のごみか確認できるようにする」，および「ごみを調べて個人宅を特定」は，マンションの管理組合で決める事項であり，自治体の施策として強制することは難しいため除くことにした．

b．グループ「購入者の特定」に含まれる三つのアイデアは，自治体が独自でできる施策ではないため除くことにした．

c．「ドライブレコーダによる自動記録」や「バス営業車による通報」では，「不法投棄のチェック」につながるとは考えられないことから除くことにした．

を行い，残る以下の四つの小グループの七つのアイデアを解決案の候補として残し，評価することにした．

① 住民教育（自治会にて教育，小学校にて子供に教育）

② 第三者による監視（タクシー営業車による通報）

③ 不法投棄箇所の監視（不法投棄箇所の監視員による巡回，不法投棄箇所への監視カメラ設置）

④ 住民による監視（自治会・近隣住民による巡回，近隣住民による通報制度）

5.2.4 解決案の評価

解決案の候補を評価し，より良い解決案を選択する．競合する複数の代替案がある場合には，評価尺度を用いて詳細に評価し，その結果に基づき解決案を選択する．

本節では，残された七つの解決案の候補について，「市民の負担」，「自治体の負担」，「解決案の実現性」，「適用範囲の広さ」，「効果の程度」，そして 5.2.2 項(2)の④で新たに追加した「プライバシ」の評価尺度によって評価する．

まず，小グループ「住民教育」に属する二つの解決案については，他の解決案を選択した場合でも必要な，他とは独立な解決案であり，市民の負担も小さく，効果も期待されるので，第 1 の解決案として採用することにした．

残る三つの小グループはいずれも大グループ「監視」に属する代替案であり，一長一短があって評価が複雑なため，縦軸を解決案，横軸を評価尺度とする評価表を作成する．評価内容は，○，△，×など直観的に把握できるようにし，なぜその評価なのかの理由を括弧内に示す．

① 「タクシー営業車による通報」の場合，監視と通報をタクシー会社に依頼するため，「市民の負担」はない（○）が，タクシーの乗務員を教育するための「自治体の負担」があり（△），「実現性」はタクシー会社の判断に依存し（△），タクシーの営業区域で実際にタクシーが走行している最中に不法投棄の現場を見つけたときしか役立たないため「適用範囲」は限られる（×）．このため，「効果」も大きいとは言えない（△）．「プライバシ」の問題はない（○）．

② 「不法投棄箇所への監視員による巡回」の場合，自治体が監視員を雇って巡回させることから，「市民の負担」はない（○）が，監視員を確保し雇用するため「自治体の負担」がある（△）．また，コストの点からあまり多くの監視員を雇うわけにはいかないため，監視範囲が広くなると「実現性（△）」，「適用範囲」（△），「効果」（△）が薄れる．「プライバシ」の問題はない（○）．

③ 「不法投棄箇所への監視カメラ設置」の場合，「市民の負担」はない（○）が，監視システムを導入し，監視カメラを常時見ている監視員を確保し雇用するため「自治体の負担」がある（△）．実現性（○）や適用範囲（○），効果に大きな問題はない（○）が，撮影した動画の扱いに気を付けないと「プライバシ」侵害の恐れがある（△）ので運用に注意する必要がある．

④ 「住民による監視」の場合，「市民の負担」は大きく（×），監視にあたって教育や相談をするため，「自治体の負担」もある（△）．また，「実現性」について自治会次第のところがある（△）．「適用範囲」については，比較的住民が多い住宅街に限定され（△），常時監視できる訳ではないので「効果」も大きくはない（△）．「プライバシ」の問題はない（○）．

これらの評価結果を記入して表 5.2 を得る．表 5.2 から，大きな問題（×）がなく，○の数が多

表 5.2　評価表を用いた候補案の評価

小グループ	解決案	評価尺度 市民の負担	自治体の負担	実現性	適用範囲	効果	プライバシ
第三者による監視	タクシー営業車による通報	○（なし）	△（教育・相談要）	△（タクシー会社次第）	×（タクシー営業区域や時間に限定）	△（常時監視は難しい）	○
不法投棄箇所の監視	不法投棄箇所への監視員による巡回	○（なし）	△（監視員確保）	△（広範囲は困難）	△（広範囲は困難）	△（常時監視は難しい）	○
	不法投棄箇所への監視カメラ設置	○（なし）	△（監視員確保，監視システム導入）	○	○	○	△（運用によっては侵害の恐れあり）
住民による監視	自治会・近隣住民による巡回	×（あり）	△（教育・相談要）	△（自治会次第）	△（住宅街に限定）	△（常時監視は難しい）	○
	近隣住民による通報制度						

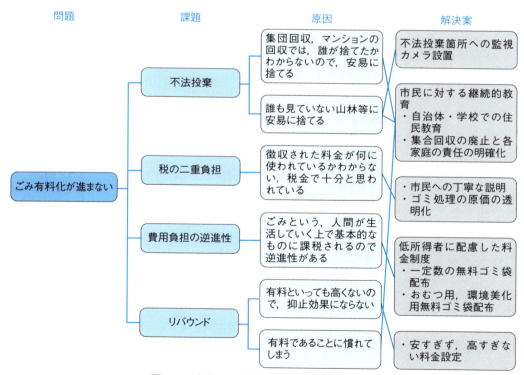

図 5.14　完成した課題・原因・解決案の関係図

い「不法投棄箇所への監視カメラの設置」を第2の解決案として採用することにした.

　以上から得られた二つの解決案を図5.2に反映し，さらに他の三つの課題に対しても，同様の手法を用いてそれぞれ解決案を創出し，最終的に「ごみの有料化が進まない」という問題の解決案として図5.14にまとめることができた.

5.3　解決すべき問題が明確でない場合の発想法

　5.2節では，ブレインストーミングとKJ法を用いてアイデアを発想する方法について述べた. これは，第4章で述べた問題解決型の目標の場合にはよいが，問題がはっきりしない場合には適用しづらい. 本節では，このような場合にアイデアを発想する方法について述べる. これは，5.2.2項のブレインストーミングの代替となる考え方であるが，詳細は文献ガイドなどを参考に他書に当たっていただきたい.

5.3.1　発想法の概要

　ここでは「再生可能エネルギーを使った新しいサービス」を考える問題（テーマ）が与えられたとする.

　この場合，課題や原因を掘り下げることで解決案となるアイデアを発想することは難しい. そこで，課題を出発点に解決案を発想するのではなく，類似の現行商品やサービスを出発点とし，これを拡張することで新しいアイデアを発想する方法について述べる. このような手法には，オズボーンのチェックリスト法[5]や属性列挙法[1], [2]などがある. 本節では，サービスの発想にも適用可能な属性列挙法を用いてアイデアを発想する手順の結果を示すにとどめる.

　属性列挙法は，ネブラスカ大学のロバート・クロフォードが考案した手法[1], [2]で，発想すべきサービスや商品に類似した現行サービスや商品を一つ選択し，その特性を列挙し，特性を変えたらどのようなサービスや商品に変わるかを発想することを特徴とする.

　このような特性のことを，属性と呼んでいる. たとえば，商品であれば，色，重量，材料，用途，機能，利用者などが属性となる. また，その属性の具体的な内容，たとえば「色は黒で，重量は1kg」の「黒」や「1kg」を属性の具体値と呼ぶことにする. 一方，サービスであれば，次のように5W1Hに着目して属性を考えるとよい.

- Who 　　：誰がサービスを提供し，誰が利用するか
- Where　：提供されるのは，家庭，企業，公共の場など，どこか
- When 　：いつでも使えるサービスか，特定の状況で使えるサービスか
- What 　：どのようなサービスか，またそのサービスはどのような機能を持っているのか
- Why 　　：どのような問題を解決するサービスか，あるいはどのような便益を利用者に提供するサービスか
- How 　　：どのような手段を用いて実現しているサービスか

5.3.2 属性列挙法の手順

以下では，「再生可能エネルギーを使った新しいサービスを考える」という問題を例に，属性列挙法の手順について示す．

■参加者：
- 3人〜7人
- ファシリテータを参加者の中から1人決める．

■準備するもの：
- アイデアを書きつける大きめの用紙（A3判かそれ以上）

■手順
① 手掛かりとなる現行サービスの選択
   発想の手掛かりとなる現行のサービスを一つ選択する．想定する解決案と同じ領域の類似サービスを選ぶのがよい．

本節の例では，再生可能エネルギーに関するサービスが対象なので，普及が進んでいる家庭での太陽光発電システムを手掛かりにする．

② 現行サービスの属性およびその具体値の整理
   そのサービスを特徴付ける属性を洗い出した後，それぞれの属性について具体値を列挙し，表形式で整理する．

本例では，5W1Hに着目して属性と具体値を洗い出し，表5.3のように整理した．表5.3に示すように，WhoやWhatについては，アンダーラインで示す複数の属性が挙げられていることがわかる．

表 5.3 太陽光発電システムの属性表

属性の分類	Who	Where	When	What	Why	How	その他
属性と具体値	サービス提供者 家庭（の消費者） 利用者 家庭（の消費者）	住宅	日中	利用する再生可能エネルギー 太陽光 機能 再生可能エネルギーを電気エネルギーに変換	電気エネルギー消費の削減	太陽光パネルを用いて発電	

第5章　解決案の創出

表5.4　属性の具体値の列挙

属性の分類	Who	Where	When	What	Why	How	その他
属性と具体値	サービス提供者 家庭（の消費者） 企業 自治体 利用者 家庭（の消費者） 乗客 企業 自治体	住宅 企業 街中 道路 スポーツ施設 駅 階段	日中	利用する再生可能エネルギー ・未利用の自然エネルギー 　太陽光 　地熱 　潮力 　風力 ・未利用の人工エネルギー 　車の移動 　人の移動 　排熱 機能 再生可能エネルギーを電気エネルギーに変換	電気エネルギー消費の削減 健康増進	発電手段 太陽光パネル 風力発電機 人力発電機 床発電機	規模 大規模 小規模

③　具体値の列挙

　　現行のサービスを拡張するために，各属性について，他の具体値に変えられないかを考える．具体値のアイデアをたくさん発想するために，ブレインストーミングを活用してもよい．

　本例について具体値を列挙した結果を表5.4に示す．表5.4では，「サービス提供者」は，「家庭」以外に，「企業」や「自治体」も考えることができる．また，「What」について見ると，最初は自然エネルギーの範囲内で「地熱」，「潮力」，「風力」などの具体値を発想しているが，それを一度抽象化して「未利用の自然エネルギー」と捉えなおすと，他に未利用のエネルギーとして「未利用の人工エネルギー」という発想に到達することができる[†]．また検討している中で，「規模」という新しい属性があることがわかり，「その他」に属性として追加している．

④　具体値の組合せから新しいサービスを発想

　　洗い出したそれぞれの属性の具体値を組み合わせて，新しいサービスを発想する．

　表5.5では，組合せの例を表中に四角で囲って示した．これは，次のような手順で発想した．

A）　「人が移動」するときに床を蹴る力を「電気エネルギーに変換」（what）する，「床発電機」（how）が技術として存在することが調査の結果わかった．

B）　この仕組みが「電気エネルギー消費の削減」（why）に使えると考えた．

C）　この仕組みを「大規模」（その他）に活用するために，人が多い「駅」や街中の「階段」を設置場所（where）として選んだ．

D）　駅が設置場所であることから，サービスの提供者を企業「交通機関」（who）とした．

E）　駅を歩く人，すなわち「乗客」（who）にエスカレータ等を使わずに歩いてもらう．

[†]　これは，再生可能エネルギーの範囲を超えているが，新たにCO_2を発生させないという点で，この例では問題ないとした．

5.3 解決すべき問題が明確でない場合の発想法

表 5.5 具体値の組合せ

属性の分類	Who	Where	When	What	Why	How	その他
D)	サービス提供者 家庭（の消費者） 企業 自治体	住宅 企業 街中 道路 スポーツ施設	日中 G)	利用する再生可能エネルギー ・未利用の自然エネルギー 太陽光 地熱 潮力 風力	電気エネルギー 消費の削減 健康増進 B)F)	発電手段 太陽光パネル 風力発電機 人力発電機 床発電機 A)	規模 大規模 小規模 C)
属性と具体値 E)	利用者 家庭（の消費者） 乗客 企業 自治体	駅 階段 C)	A)	・未利用の人工エネルギー 車の移動 人の移動 排熱 機能 再生可能エネルギーを電気エネルギーに変換			

F) E) のためには「健康増進」（why）というインセンティブが必要と考え，床発電機の上を歩くとポイントを付与して鉄道料金を割り引くという施策が必要と考えた．

G) サービスの提供時間は，人の移動が多い「日中」（when）とした．

このように，いずれかの属性値を出発点に，他の属性に広げていく．

以上の手順を繰り返すことによりさまざまなアイデアが出てきたら，5.2.2 項の KJ 法の手順に進む．発想できたアイデアの数が限られるようなら，直接 5.2.3 項に示した，解決案への落とし込みに進んでもよい．

演習問題

1. 5 人暮らしの A 君の家では，先月の電気料金の支払いが 2 万円を超えてしまい高くて困っている．そこでブレインストーミングと KJ 法を用いて，今月から電気料金を 1 万円に抑えるための対策を整理してみよう．
2. ブレインストーミングと KJ 法を用いて，メールの持つ問題を整理し，それを解決する新しいコミュニケーションサービスを創出してみよう．

文献ガイド

[1] 高橋誠：『問題解決手法の知識（2 版）』，日本経済新聞社，1999.
[2] 三谷宏治：『超図解「拡げる」×「絞る」で明快！全思考法カタログ』，ディスカヴァー・トゥエンティワン，2013.
[3] 川喜田二郎：『発想法：創造性開発のために―改訂―』，中公新書，2017.
[4] 川喜田二郎：『続・発想法：KJ 法の展開と応用』，中公新書，1970.
[5] アレックス・オズボーン著・豊田晃訳：『想像力を生かす―アイディアを得る 38 の方法』，創元社，2008.

第6章 レポートの作成

　本章では前章までに学習した内容をレポートにまとめて成果物とする方法を修得する．6.1 節では，まずレポートの意義と役割を改めて認識した後，その基本構成と章立てを学ぶ．6.2 節ではレポート作成の具体的な方法について，作成の全体手順，利用する文献の扱いと表記，レポートに必要な表現法と注意事項，そして理解しやすい表現のコツを知る．6.3 節ではチーム活動の成果をレポートとしてまとめる際の留意点について学ぶ．なお，本章で学ぶレポートの書き方は，卒業論文を書く場合にも適用できる．

　レポート完成までの流れを図 6.1 に示す．

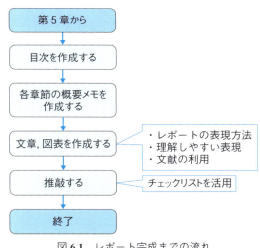

図 **6.1** レポート完成までの流れ

6.1 レポートとは

6.1.1 レポートとその意義

(1) レポートは情報の伝達手段

　教育・研究機関やビジネス現場における情報の伝達手段として，レポート，卒業論文（卒論），

82　第6章　レポートの作成

学術論文（論文），報告書といった名称で呼ばれる文書がある．これらはある目的のもとに自身や組織が活動して得た成果について，正しくかつわかりやすく理解してもらえるような構成と記述になっている必要がある．本書の主対象読者である大学生の多くは卒業後，企業などでビジネスパースンとして活動するが，そのときによいレポートや報告書が書けると高い人事評価につながる．そのためにも学生時代に，このような文書をしっかり書けるようにしておくことは重要である．

(2)　レポートという言葉の捉え方はさまざま

卒論や論文は研究成果を記した文書であることは明確であるが，レポートや報告書についてはこの表現を使用する状況・場面や人によって捉え方は異なるのが現状である．大学の場合，レポートは，基本的には講義を理解したかを教員が把握して成績評価するためや授業方法の改善に用いる手段である．もちろん，たとえばある駅前商店街の市場調査を行い，これまで誰も気づかなかった顧客志向を明らかにしたという内容のレポートの場合には，オリジナリティ（新規性）を有するものとなる．オリジナリティの観点から言えば，大学のレポートではオリジナリティは必須条件ではないが，卒論や論文では必須条件となる．

一方，企業や行政機関などではレポートと報告書は同じ意味合いで使用される．調査レポート，調査報告書，研究レポート，研究報告書，アニュアルレポート，年次事業報告書といった類がある．調査レポートや研究レポートは，ある目的のもとに調査・研究した内容と結果について述べたものであり，そこにはオリジナリティが存在する．企業が出すアニュアルレポート（年次事業報告書）は，株主・投資家を対象としており，その企業の1年間の活動を財務内容とともに記した文書である．

また最近は，調査・研究などについてのメモ程度の報告もレポートの一種と捉えられており，この場合，パワーポイントを用いての表現もある．

(3)　レポートを書くことは考えること

書くという過程を通して，情報整理と論理構築を促進し深めることができる．誰でも経験していることであるが，頭の中だけで情報整理と論理構築を行うことは難しく，文字や図にして視覚化すると進む．モヤモヤしていることが，書くという行為により整理され明確になってくる．読んだ文献は，要点を整理して文書化することにより理解が深まる．

6.1.2　レポートの基本構成

(1)　レポートは序論，本論，結論から構成

レポート，卒論，論文，報告書の中身は，いずれも序論，本論，結論の三部構成である．授業課題のレポートや卒論は教員が必ず全文を読むが，一般的なレポートや学術論文では，序論と結論に目を通して本論を含めて読むか読まないかを判断することが多い．したがって，まずは序論において本レポートが意味ある魅力的な内容であることを訴える必要がある．

長いレポート（例：10ページ）では，数行の概要（アブストラクト，要約，梗概ともいう）を最初に記述することもある．また，論文などでは概要の記述が要求されることが多い．

文系と理系，あるいは学界と実業界など分野・領域を問わず基本構成は同じであるが，章立て，

6.1 レポートとは　83

タイトルなど詳細については分野ごとの慣例・習慣があるので，それに従うようにする．次に各構成の概要を述べる．

(2)　序論

　レポートを読む人のための導入部分であり，このレポートが扱う問題，背景・動機，研究方法と結論の概要を記す．

　問題とはこのレポートで明らかにしたいことであり，レポートを書いて他の人に読んでもらう目的となるものである．ここで設定する問題は，他の人にとって何らかの価値を提供するものでなければならない．授業の理解状況を把握するため（すなわち成績評価）に教員から提出が求められるレポートの場合は，教員から問題が提示される．しかし，オリジナリティを有する卒論などでは，問題を自分で設定することが必要となる．問題を自分で設定（あるいは発見）して，それに対する解決策や解釈を検討して明らかにすることは，新たな価値を世の中に提供するということである．問題・課題の発見はその第一歩であり，ビジネスの場においても非常に重要である．

　背景・動機は，この研究をなぜ行うのか，その意義について述べるものである．あらかじめテーマが与えられた授業レポートの場合でも，そのテーマの意義を自ら考えて整理することはできるはずである．関連する先行研究について簡単に触れることもある．

　研究方法では，どういうデータや資料をどのような方法で集めて，どのように分析したのかについての概要を述べる．具体的な詳細については本論で記述する．

　なお，卒論などのように自分で問題を設定する場合は，まずは自分の興味のある事項について教員のアドバイスを受けながら，文献調査して基本情報の理解と現状把握を行う．そして，大まかに問題と言えそうなことを明らかにした後，さらに調査領域の絞り込みと深化により，問題を意味あるものに設定する．

(3)　本論

　論文の主要部分であり序論で提示した問題に対する具体的な研究方法，結果，そして考察を述べる．

　具体的な研究方法では，データの種類と集め方，データの整理・分析の方法を記述する．データには定量的なもの（廃棄量，販売数など）と定性的なもの（きれい，静か，皆で分担すべき，といった意見，見解など）がある．また，集め方には文献調査，アンケート，実験，インタビュー，観察などがある．そしてデータの整理・分析に，どのような方法を用いるかは，たとえば，定量データならば表計算ソフト（Excel など）を用いて大量データの分布状況を散布図で表現し，さらに二つの変数の相関関係を回帰直線で表して分析する（4.6 節を参照）．

　結果では，収集したデータを整理・分析して図・表や文章としてまとめる．

　考察では，そのような結果に至った理由や妥当性を検討し整理して記述する．また，問いに始まり結果に至る全体の論述の流れが，論理的に矛盾していないかを確認する．

　なお，本論の最初あるいは序論において，関連研究あるいは先行研究という節を設けて，設定した問題にかかわるこれまでの研究状況を述べ，問題の位置付けと取り組む意義を明らかにすることもある．

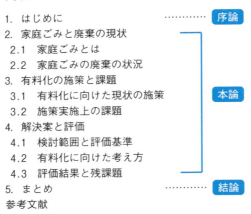

図 6.2　目次の具体例

（4）結論

本論で記した結果と考察に基づき，序論で示した問題に対する解答を明確に述べる．また，今後の課題についても触れる．

（5）実際の章立て

レポートや論文の大きなくくりとしての基本構成は，序論・本論・結論であるが，実際には本論は記述内容を反映したわかりやすい章とタイトルで構成されることが多い．章は必要に応じて複数の節に分ける．章や節は一つまたは複数の段落（パラグラフ）からなる．

また，使用した文献の一覧をレポートの最後に付ける．

さらに，論文などでは作成する上でお世話になった人への謝意を示す謝辞を入れる．記述個所としては最後に配置することが多い．謝辞は学術論文や卒論だけでなく，社内誌や書籍でも必要に応じて記述する．謝辞を入れ忘れて，あとで上司に叱られると言うこともあるので，社会人になったら前例をよく見てそれに従う．

各部分の記述分量については，特に決まりはないが全体のページ数から割り振る．本論に十分な紙幅を割り当てることが重要である．一例として全体で 10 ページのレポートであれば，序論は 1～2 ページ，結論は 0.5～1 ページである．

章立てと目次の例を図 6.2 に示す．

6.2　レポートの作成

6.2.1　作成の手順

レポート作成に向けた作業は，実際には作成することが決まった段階，すなわちある事柄の研

究・調査を始めることとなったときからすでに始まっているのである．資料の収集，分析，検討については，すでに前章までに学んできているので，本章では執筆部分に絞ってその方法を学ぶ．以下に図 6.1 に沿ってレポート完成までの流れを説明する．

① 目次を作成する

論理的な説得力ある流れとなるようにする．

② 各章節で記述する内容の概要・要点を，箇条書きや簡潔な文で表す

図表についても大まかな内容メモを作る．この過程を通じてレポート内容がより具体化されるので，必要ならば目次の修正を行う．

例）　3.1　ごみの減量化に向けた現状の施策
　　　　　　リデュース（削減）
　　　　　　　ごみの発生を抑制して削減すること
　　　　　　　ごみの有料化，レジ袋の有料化
　　　　　　リユース（再利用）
　　　　　　　そのまま繰り返して使用すること
　　　　　　　ビン・衣類，フリーマーケット，買い替えずに修理
　　　　　　リサイクル（再資源化）
　　　　　　　原材料に戻して，再び製品にして提供すること
　　　　　　　資源ごみの回収：古新聞，ペットボトル，電池

③ 上記②の骨格情報に基づき，わかりやすい説明文章や図表を作成する

このとき理解を促進する事項や論理を補強する事項などとともに説明する．

注意すべきは，文献資料や実地調査データなどの情報とレポート著者の意見・推測を明確に区別することである．レポート著者の意見や推測に基づく内容をあたかも事実であるような記述をしてはならない．

例）　3.1　ごみの減量化に向けた現状の施策
　　　　　2015 年 5 月時点で実施されているごみの減量化施策は，リデュース，リユース，リサイクルの三つである．
　　　　　リデュースとは，ごみの発生を抑制して削減することである．施策の一つはごみ回収の有料化であり，お金を支払うという抵抗感によりごみの量を減らそうというものである．具体的には，リユースやリサイクルできない家庭ごみは，有料の専用ごみ袋を使用してのみ出すことができる．…

④ レポートを推敲する

作成したレポートは全体の論理，説明の内容と順序，表現方法について何度も見直しを行う．推敲の段階で削除・修正した文章，段落，図表などは時として，後から使用したくなることも生じるので，適宜，修正前のバージョンを保存しておくことが必要である．

6.2.2　文献の利用と表示

問題の設定から検討の過程において種々の文献を調査するが，レポート作成に際しての文献利用で特に配慮すべきことがある．文献の利用の仕方について二つに分けて説明する．

(1)　文献中の文章や図表をそのまま引用する場合

文献に記載された記述，すなわち他人の著作物の内容を引用する場合は，引用していることを明確に記す必要がある．著作権法第 32 条の 1 で次のように規定されている．

> 「公表された著作物は，引用して利用することができる．この場合において，その引用は，公正な慣行に合致するものであり，かつ，報道，批評，研究その他の引用の目的上正当な範囲内で行なわれるものでなければならない．」

無断で引用・転載すること（いわゆるコピペ）は著作権違反の犯罪行為となるので十分注意しなければならない．学術的な論文・レポートはもちろんであるが，学生が書くレポートや卒論もその対象である．

以下に引用方法の例を示す．
- (例 1)　引用が長い場合（段落や複数の文）
    - (b)　xxx について（文献［3］の pp.10〜11 を引用）
      ………………………………………
      ………………………………………
- (例 2)　引用が短い場合（一つの文や語句）：引用部分を，かぎカッコ「　」でくくる．
  生田太郎は「…である」（文献［5］，p.20 の 2〜3 行を引用）と主張している．
- (例 3)　図や表をそのまま「引用」する場合
  図や表の下部に，例えば，「出典：文献［8］の表 2.5」と記す．

また，オリジナルからレポート作成者が一部分を変更修正した場合には，「文献［8］の表 2.5 を一部改変」といった表記とする．

● コピペは NG！ ●

人類の進歩は先人が作り上げた知識と知恵の上に成り立っているといういわゆる「巨人の肩の上に立つ」わけであり，文献の利用に際しては先人への敬意を込めて引用したということを明確に記せばよいのである．インターネット上で課題に関係する文献を検索し，複数の文献を組み合わせてあたかも自分が新たに作成したかのようなレポートをでっち上げるのは絶対に行ってはならない．現在では，レポートや論文がインターネット上の文献をコピー＆ペースト（コピペ）したものかどうかを調べるソフトがあり，利用されている．実際に期末レポートをコピペで作成した某有名国立大学の学生に対して，その学期に履修した全科目の単位を無効とする厳正な処置が行われた．文献利用の扱いを誤らないようにしよう．

(2) 直接引用していないが，その箇所を書くのに参考にした場合

どのような文献を参考にして検討したのか，あるいはさらに詳しく知りたい読者のために参照元を記す．関連研究や先行研究など現状を説明する場合などに用いられる．

- 節などのタイトルの後に参考とした文献を記す．
    - 例1）　3.2　ごみ処理施設の現状[2][3]：上付き文字で表示
    - 例2）　3.2　ごみ処理施設の現状（文献 [2] [3]）　：カッコで表示
- 文章中に記す．
    - 例3）　K市のごみ処理施設の運営状況の調査結果[5]を以下にまとめる．：上付き文字で表示

(3) 文献一覧の表示方法

レポートには執筆に利用した文献一覧を付けるが，その際に著者名，出版物名（書名），発行年月日などを正確に表示する必要がある．

文献の表示方法は，分野・領域・組織などにより若干の違いがあるので，提出先・投稿先の書式に合わせて記述することが大事である．個々の文献識別のために，文献番号を用いる方法と著者名・発行年を用いる方法に大別できる．

① 文献番号による方法
　　例）　[1] 大曽根匡編著：コンピューターリテラシ第4版，共立出版，2019年
② 著者名と発表年による方法
　　例）　[大曽根2019] 大曽根匡編著：コンピューターリテラシ第4版，共立出版，2019年
　　同一著者で同一年のものを複数記述する場合は，「大曽根2019a」「大曽根2019b」のように年の後に小文字アルファベットを付与して区別する．
③ Webページを文献とする場合の注意事項
　　Webページの内容は管理者により随時更新されるので，閲覧した年月日を必ず記す．
　　例）　[5] 情報処理推進機構：ITパスポート試験，
　　https://www3.jitec.ipa.go.jp/JitesCbt/index.html，2019年5月1日

なお，Wikipediaは内容が必ずしも正しいと限らないので，調査の最初の手がかりとして利用するのはよいが参考文献とするのは適当ではない．また，「教えて！ goo」や「Yahoo知恵袋」も誰が答えているかわからないので同様である．

6.2.3　レポートの表現方法

記述に際して必要な表現方法と注意事項について，文体・書式と文法に分けて以下に説明する．

(1) 文体・書式に関すること
① 主語は非人称名詞

小説や感想文では「私」が主語に用いられるが，レポートの文章の主語は基本的には非人称名詞である．

　　例）私はごみ削減のための二つの対処案を提案する．（×）
　　　　本レポートではごみ削減のための二つの対処案を提案する．（○）

ただし，文献を引用する場合に著者名を主語とすることがある．
　例）　ごみ処理問題について専修太郎は「…」という見解を述べている．

② 文体は「である」調

レポートの文体は「…である」が基本形であり，「…です」「…ます」は使用しない．また，雑誌記事などでよくみられる「…だ」も基本的には用いない．

③ 書き言葉で

あくまで書き言葉で表現し，「話し言葉」では書かない．
　例）　現在の容器は多くの人が廃棄するんで，再考が必要だね．（×）
　　　　現在の容器は多くの人が廃棄するので，再考が必要である．（○）
接続詞などの例をあげると次のようになる．
接続詞：でも（×）→しかし（○），だから（×）→そのため／したがって（○）
　例）　…再利用率は低い．だから新たな…施策を提案した．（×）
　　　　…再利用率は低い．そのため新たな…施策を提案した．（○）
接続助詞：けど（×）→だが／が（○），のに（×）→にもかかわらず（○）
　例）　当面の費用は大きいけど，積極的に推進する．（×）
　　　　当面の費用は大きいが，積極的に推進する．（○）
副詞：ちっとも（×）→少しも（○），たぶん（×）→おそらく（○）
　例）　今年度の燃えないごみは，たぶん1割削減できると推定される．（×）
　　　　今年度の燃えないごみは，おそらく1割削減できると推定される．（○）

④ 図表の番号とタイトル位置

ⅰ）　図や表は別々に，章内で通し番号を付ける．

たとえば，第3章の第1図であれば図3.1，第4章の第2表であれば表4.2などと表記する．ドット（.）を挟んで前が章，後が章内の通し番号である．これにより図や表の追加・削除を行っても他の章に影響がないのでよく利用される形式である．

レポートでページ数が少ない場合（たとえば10ページ以下など）は，レポート全体を通して番号を付与すればよい．例）図2，表2

なお，図と表を合わせて通し番号を付与している刊行物もあるが，それは例外的な用法であるので使用しないのがよい．例）図表3.1，図表3.2

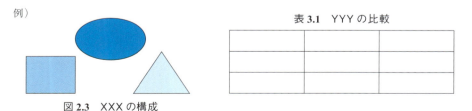

図6.3　図と表のタイトルの表示位置

ii）　図のタイトルは図の下に，また表のタイトルは表の上に表示する（図 6.3）.

iii）　掲載した図や表は本文中で必ず参照する．図表を参照しながら，図表の意味や言えること
などをわかりやすく記述する.

例）　現状の廃棄物処理の手続きの流れを図 3.1 に示す．本図で…

三つの対処方法の得失をまとめると表 3.1 のようになり，…

個人の負担額は 1990 年代から毎年増加していることがわかる（図 4.1）.

⑤　段落について

段落（パラグラフ）とは一つの伝えたい事項（話題）を説明するための文の集合である．複数の
事項が一つの段落に含まれてはいけない．わかりやすい段落とするためには，段落の内容を的確に
表す文を最初におく．続いてこれを補強するための根拠や事例を述べる文を記述する．そして最後
に段落全体の要点を再び述べるが，省略することもある.

章節が複数の段落からなる場合には，各段落は論理的な接続関係を持ち理解しやすい流れとなっ
ている必要がある．複数の段落から構成される場合，内容的に直列（順番に論理展開）か並列（論
理的に同列）のいずれかとなるが，並列の場合はその関係がわかるような記述を最初に置く.

例）

ごみ減量化の一層の推進に向けて市民からさまざまなアイデアが提案されたが，リデュー
ス，リユース，リサイクルの三つに分けて，その概要を紹介する.

リデュースのアイデアとして…

⑥　数字の表現について

算用数字（アラビア数字）は見栄えを考慮して，以下のように表現する.

- 2 桁以上は半角とする．1 桁のときは全角または半角を使用する.
- 小数点（ドット）が入る場合も小数点を含めて半角とする．例）3.14　図 1.2
- ページを表現するときの p と数字の間のドットは半角とする．例）p.123
- 3 桁区切りのカンマを入れる場合は，カンマは半角とする．例）12,345 円

（2）　文法に関すること

①　主語や目的語と述語の対応

文の基本は，「誰が，何を，どうした」という主語と述語，および目的語と述語がしっかり対応
づいていることである．特に長い文では，その関係が曖昧となって，おかしな文章とならないよう
にすることが必要である.

- 主語と述語の対応

例 1）　市清掃局はごみ分別方法のチラシを住民に配布された．（×）

市清掃局はごみ分別方法のチラシを住民に配布した．（○）

例 2）　家庭ごみの収集日は，市の広報誌を通じて住民に通知している．（×）

家庭ごみの収集日は，市の広報誌を通じて住民に通知されている．（○）

- 目的語と述語の対応

例 1）　S 市では改善した回収方法を行い，資源の回収率を高めた．（×）

S市では回収方法を改善して，資源の回収率を高めた．（〇）

例2）　住民は新たなごみ分別方法に，改めて魅力的であると思った．（×）

　　　住民は新たなごみ分別方法に，改めて魅力を感じた．（〇）

② **よく使用される動詞**

内容を的確に表現するため，レポートでよく使用される動詞として次のようなものがある．

- 目的：述べる，議論する（論じる），提案する，明らかにする，示す，報告する

　例）　本レポートでは，家庭ごみの排出状況の調査結果を報告する．

- 調査や検討：調査する（調べる），参照する，引用する，収集する，検討する，分析する

　例）　本節ではごみ処理の有料化に関するアンケート結果を分析する．

- 考察：思われる，考えられる，推測される，言える

　　ただし，これらの表現を使用するに際しては，その根拠や理由を合わせて記す必要がある．単に自分の感覚や主観だけで使用すると，当然のことながら論理性・説得性のないレポートとなってしまう．

　例）　身近な人の意見から，住民は現状のごみ収集方法に納得していると言える．（×）

　　　アンケート結果から，住民は現状のごみ収集方法に納得していると言える．（〇）

- 結果や結論の表現：上記の動詞を「…した」の形も用いられる．

　例）　本レポートでは…について…であることを明らかにした．このことから…の条件を緩和するための施策を検討する必要がある．

③ **接続詞で論理展開**

　レポートは設定した問題に対して調査・検討した結果をもとに，読者を納得させる論理展開が行われる必要がある．このための文や段落の繋ぎに使用する接続詞の役割をしっかり押さえて使用するとよい．以下に役割から見た接続詞の例を示す．

　　順接：このため，したがって，そのため，よって

　　逆接：しかし，しかしながら，それに対して，ところが

　　追加：および，かつ，加えて，さらに，また，まず…次に

　　選択：あるいは，もしくは，か

　　例示：たとえば

　　換言：すなわち，つまり

④ **句読点の統一**

　文末を示す句点には「。」「．」がある．また，文章を読みやすくするためや，誤解がないようにするための読点には「、」「，」がある．この組合せは論理的には四つあるが，実際に使用される組み合わせは「、と。」「，と。」「，と．」の三つである．レポート中ではいずれか一つの組合せを用いて文章を作成する．

⑤ **ワープロ使用時の誤り回避**

ワープロを使用する際には，誤入力と日本語変換の誤りに注意する必要がある．いずれも文章を

6.2 レポートの作成

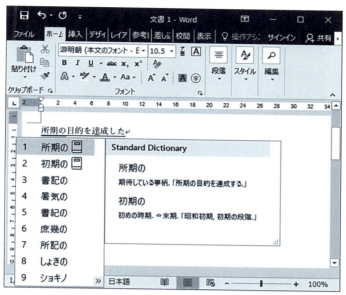

図 6.4　Office 365 における漢字変換候補と辞書の表示例

作成したら見直すことが基本であり，時間をおいて改めて見ることも必要である．

日本語変換の誤りは，ワープロのかな漢字変換機能が，利用者の意図したとおりに 100％正しく変換するとは限らないことによる．一つはワープロが，不適切な箇所で区切って変換してしまうことである．

　　例）　今日歯医者に行った
　　　　　今日は医者に行った

もう一つは同音異義語であるが，利用者自身が漢字の意味を正確に知らないと誤る恐れがあるので，あいまいな場合には意味を確認する．

　　例）　初期の目的を達成した（×）→所期の目的を達成した（○）
　　　　　DVD ドライブ内臓のノート PC（×）→ DVD ドライブ内蔵のノート PC（○）
　　　　　回収した資源を生かす（△）→回収した資源を活かす（○）

なお，最近のワープロ（例：Office 365）では，注意が必要な漢字については変換候補で意味が表示されるようになっているので活用するとよい（図 6.4）．また，変換候補の順序は利用者の使い方を反映して修正される．

6.2.4　理解しやすい表現

(1)　長文の回避

一つの文が何行にもわたる長文であると読む人の理解の妨げになり，正しく内容が伝わらない恐れもある．その原因は主に重文や複文である．

明鏡国語辞典によれば，重文とは「主語と述語を備えた部分が二つ以上並列的に含まれている文」であり，複文とは「主語と述語から成る文で，その構成部分の中にさらに主語・述語の関係が成り立つもの」である．重文や複文は複数の文に分けるようにした方がよい．

92 第6章 レポートの作成

（例：修正前）

　K市における家庭ごみは，燃えるごみ，ビニール・プラスチックなど燃やさないごみ，再利用できるビン・缶類，再利用可能な新聞紙・雑誌の四つに分別し収集日を分けて回収しているが，学生など単身者が多く住む地域の分別状況は，マンション・アパートで共同の分別ごみ箱があるところはよいが，そうでないところはまとめて燃えるごみの日に出す傾向がある．

（例：修正後）

　K市における家庭ごみは，燃えるごみ，ビニール・プラスチックなど燃やさないごみ，再利用できるビン・缶類，再利用可能な新聞紙・雑誌の四つに分別し収集日を分けて回収している．しかし，学生など単身者が多く住む地域の分別状況は，マンション・アパートで共同の分別ごみ箱があるところはよいが，そうでないところはまとめて燃えるごみの日に出す傾向がある．

(2) 箇条書きの利用

　伝えたい複数の事柄を箇条書きにすることで，読者へ情報を強く印象的に伝えることができる．各事柄は基本的には1〜2行程度に収まる長さとするのがよい．箇条書きは，その段落内容がいくつの事項から構成されているのか明瞭であり，また比較的短く表現されるので理解が容易となる．このためには内容を十分に整理し，表現を練る必要がある．推敲を疎かにして単に分けただけではその意図は伝わらない．

　　　例1）　家庭ごみの分類と回収日
　　　　　　・燃えるごみ…月，木
　　　　　　・ビニール・プラスチック…火
　　　　　　・再利用できるビン・缶類…水
　　　　　　・再利用可能な新聞紙・雑誌…金
　　　例2）　家庭ごみの分別率を高める方策
　　　　　　・マンションやアパートでは，共同の分別ごみ箱の設置を義務付ける．
　　　　　　・単身者への啓蒙活動として，ごみ処理費用や資源活用のチラシを配布する．
　　　　　　・新聞や雑誌は資源回収業者によるチリ紙交換を促進する．

(3) 読点の使い方

　読点（、や，）は，単語や句の修飾関係を明確にして理解を容易にするため，あるいは文の意味を誤解されないようにするために，文中に挿入する区切り記号である．一つの文でどの程度使用すべきかの決まりはないが，多すぎると見栄えが悪く，またかえって読みにくくなることもあるので注意が必要である．適用例を次に示す．

- 長めの主語や目的語の後
　例）　日常の活動によって排出されるごみは，1週間でごみ箱をいっぱいにしてしまう．
- 理由と結論の間
　例）　再利用が可能な運搬箱を導入することにより，A社の梱包費用は大きく削減された．
- 逆接で句を繋ぐときの切れ目
　例）　ごみ分別の重要性は理解しているが，時間がないときは実行できないことが多い．
- 複数の意味に取られないための区切り

6.3　チームで分担執筆するときの注意事項　　93

　例）　学生時代に本を読む習慣をつけた人は夢を実現できると教えられた.
　　　解釈1）　学生時代に本を読む習慣をつけた人は，夢を実現できると教えられた.
　　　解釈2）　学生時代に，本を読む習慣をつけた人は夢を実現できると教えられた.
　解釈1では「学生時代に本を読む習慣をつけた人」のことを，解釈2では「時期を問わないが，本を読む習慣をつけた人」のことを表している.

(4)　あいまいな数量表現に注意

　数量や程度を表す用語を使用する場合には，受け手に著者の意図した意味と異なる形で理解されないように注意が必要である.

- 　数回，数個，数時間，数日，数行のような「数xx」の表現は，日常よく目にし，耳にする. たとえば，数回の意味は「3〜4回，5〜6回ぐらいの回数をばくぜんという語」（精選版　日本国語大辞典），「少ない回数を漠然という語」（広辞苑）とあり，「数xx」は少ない数を曖昧に表現したいときに使用する便利な手段ではある. しかし，レポートでこのような表現を使用する場合には，十分な注意を払わなければならない. 曖昧性を排するという観点から，できれば使用しない方がよい.
- 「結構」「かなり」も，日常では「結構多い」「かなり少ない」などの表現が使用されるが，曖昧性を多分に含んでいるので，レポートでの使用に際しては注意を要する.

(5)　二重否定の回避

　二重否定とは否定の否定なので内容としては肯定であり，強調や婉曲の意を込める語法として用いられる. しかしながらレポートは文学作品ではないので，読者に理解が容易な表現や流れとする必要があり，二重否定の表現は基本的には使用しない.
　例）新しい回収方法は，費用の点でも同意できないことはないだろう.（×）
　　　新しい回収方法は，費用の点でも同意できるだろう.（○）

6.3　チームで分担執筆するときの注意事項

　チームでレポートを作成するときは，章立て（目次）とその概要，番号付与基準や表示形式などについて意識合わせをしておく必要がある. さもないと集まった原稿の手直し作業が大きなものとなり，無駄な労力・時間を費やすこととなる. 考え方の基本は，前節までで述べた種々の事項の確認と複数の選択肢がある場合の選択である. 分担執筆する場合のポイントを進め方と書式に分けて以下に示す.

(1)　進め方
①　章立て（目次）とその概要の作成
　関係者全員で議論して章節とその概要を明確にする.

② 取りまとめ担当の設置

　レポート作成の取りまとめ担当者は，番号などの付与基準や書式ファイルを作成する．また，ファイルの統合作業を行い，個々のファイルに不都合があれば，各担当に修正依頼を行う．本作業をチームリーダーが行うか，担当者を別に設けるかはチームの規模など状況による．たとえば10名以上のプロジェクトでは，チームリーダーの仕事は多岐にわたるので，レポートの取りまとめ担当を別に設ける．

③ 全員によるレポートの推敲

　統合されたファイルを全員で読んで，内容が正確か，論理の矛盾がないか，わかりやすい表現となっているか，誤解される記述はないかのチェックを行い，より良い内容となるよう修正する．このような推敲作業を「レビューする」「レビューを行う」ということがある．

(2) 書式関係

① 図表番号の付与基準

章ごとに独立付与するか，レポート全体で通し番号を付けるのかを決める．

表 6.1　レポート提出前のチェックリスト

No	チェック項目	本文箇所
1	序論，本論，結論の流れと論理展開は適切か？	6.1.2
2	文献の利用と表示は適切か？	6.2.2
3	主語は非人称名詞であるか？	6.2.3(1)①
4	文体は「である」調か？	6.2.3(1)②
5	話し言葉ではなく書き言葉になっているか？	6.2.3(1)③
6	図表番号の付与と表示位置は適切か？	6.2.3(1)④
7	図表を本文中で参照しているか？	6.2.3(1)④
8	段落の論理的な接続関係は適切か？	6.2.3(1)⑤
9	主語や目的語と述語は対応づいているか？	6.2.3(2)①
10	動詞・接続詞の使用は適切か？	6.2.3(2)②③
11	句読点は統一されているか？	6.2.3(2)④
12	使用している漢字表現は正しいか？	6.2.3(2)⑤
13	文の長さは適切か？	6.2.4(1)
14	箇条書きは適切か？	6.2.4(2)
15	読点の使い方は適切か？	6.2.4(3)
16	あいまいな数量表現はないか？	6.2.4(4)
17	二重否定による表現はないか？	6.2.4(5)
18	文献一覧があり，表記は適切か？	6.2.2
19	執筆者の所属，学籍番号，氏名は書かれているか？	6.3
20	チームで分担作成時，書式や番号付与基準などに不一致はないか？	6.3
21	ページ番号は付与されているか？	―

家庭ごみの有料化のための取組について

多摩太郎 生田花子 神田二郎 千代田みどり
(学籍番号) (学籍番号) (学籍番号) (学籍番号)

1．はじめに 〔序論〕

地球環境の改善・維持のために，家庭から排出されるごみを削減することは重要である。……………………………………………………………………………………………

本レポートでは家庭ごみの廃棄状況と減量化に向けた政策を調査し，今後の方向性を考察した。

2．家庭ごみの廃棄と現状 〔本論〕

2.1 家庭ごみとは

家庭ごみは次のように分類されている。

・燃えるごみ
・ビニール・プラスチック
・再利用できるビン・缶類 〔箇条書〕
・再利用可能な新聞紙・雑誌

これらのごみは……………………………………………………………………………………

2.2 家庭ごみの廃棄の現状

……

回収されたごみの処理の流れを図2.1に示す。本図において……………

〈図面〉 〔図〕

図2.1 ごみ処理の流れ

3．減量化の政策と課題

3.1 減量化に向けた現状の政策

………………………………………………………………………………………………………

表3.1に示すアンケート結果から，住民の7割は現状のごみ減量化政策に納得していると言える。

しかしながら……

表3.1 ごみ減量化政策のアンケート結果

〈表〉 〔表〕

4．解決案と評価

4.1 検討範囲と評価基準

………………………………………………………………………………………………………
.
.

4.2 減量化に向けた考え方

………………………………………………………………………………………………………
.
.

4.3 評価結果と残存課題

3つの対処方法の損失をまとめると表4-1のようになり，……
.
.

5．まとめ 〔結論〕

本レポートでは……について，現状……であることを明らかにした。また…………

……の観点から対処方法を考察し，……が有望であるという結論を得た。

今後の課題として……がある。

［参考文献］ 〔参考文献〕

[1] 山田太郎：家庭ゴミ処理白書，専修出版，2013年
[2] …………

図6.5 レポートの構成例

第 6 章　レポートの作成

② 書式ファイルの作成と配布

フォントと文字サイズ（MS 明朝，10.5 ポイントなど），段組み（1 段または 2 段）などの書式を決め，書式を設定した電子ファイルをメンバーに配布して，それを用いて作成すると間違いがない．

③ ファイル名の付与基準とバージョン管理

電子ファイルを集めるとき，同一名称のファイルや新旧の区別がつかないファイルがあって，統合に誤りが生じないようにする必要がある．ファイル名の付与方法の例を以下に示す．

例 1）　レポート 3 章 v1：v1 はバージョン 1 を表す．

例 2）　レポート 3 章 150901：150901 は 2015 年 9 月 1 日を表し，作成日がわかる．

例 3）　レポート 3 章（山田 v2）：担当が山田でバージョン 2 を表す．

④ 筆者名の表示と順序

検討と執筆にかかわった者の名を記す．順序をどうするかは，授業レポートなら先生の指示に従う．なお，会社業務などでは上司の指示に従って記述することが一般的である．

例 1）　チームリーダーを先頭に記し，そのあとに学籍番号順でチームメンバーを記す．

例 2）　学籍番号順あるいは五十音順に記す．チームリーダーが誰かの注を入れることもある．

最後に，レポート提出前のチェックリストを表 6.1 として記すので活用してほしい．また，参考までにレポートのレイアウト例を図 6.5 として記す（スペースの都合で 1 ページに収めてある）．作成したレポートを電子ファイルとして配布する場合，Word 文書（.docx）形式のほかに PDF（Portable Document Format）形式を使用するのもよい．PDF は OS などに関係なく確実に文書を交換できるファイル形式である．

演習問題

1. レポートと感想文の違いをあげてみよう．
2. 学術雑誌や研究機関誌のレポートか論文を読んで，章立て，表現方法，文献の利用法など本章で学んだ事項を確認してみよう．
3. 自分の書いたレポートを他の人と交換して，わかりにくいところとわかりやすいところについて意見を述べあってみよう．

文献ガイド

[1]　酒井聡樹：『これからレポート・卒論を書く若者のために 第 2 版』，共立出版，2017．

[2]　小笠原喜康：『新版　大学生のためのレポート・論文術―新版』，講談社現代新書，2009．

[3]　石井一成：『ゼロからわかる大学生のためのレポート・論文の書き方』，ナツメ社，2011．

[4]　石黒圭：『論文・レポートの基本：この 1 冊できちんと書ける！』，日本実業出版社，2012．

[5]　山口裕之：『コピペと言われないレポートの書き方教室：3 つのステップ！コピペから正しい引用へ』，新曜社，2013．

[6]　酒井聡樹：『100 ページの文章術―わかりやすい文章の書き方のすべてがここに―』，共立出版，2011．

[7]　阿部紘久：『文章力の決め手：短文から長文まで，もっと伝わる 60 のテクニック』，日本実業出版社，2013．

第 7 章 プレゼンテーション

　これまでの章で，情報の収集の仕方，情報の整理の仕方，情報の分析方法などについて学んできた．これらの情報は，最終的には，他人に伝達されなければ意味をなさないであろう．その伝達の一つの方法がプレゼンテーションである．

　本章では，まず，プレゼンテーションの定義とその重要性について説明する．次に，プレゼンテーションの準備の仕方と，よいプレゼンテーションを行うためのいくつかの技術について解説する．特に，箇条書きによる表現方法と，ビジュアルな表現方法，口頭発表の技術について詳しく説明する．

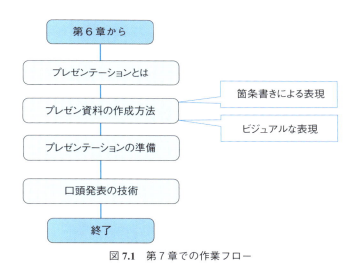

図 7.1　第 7 章での作業フロー

7.1　プレゼンテーションとは

7.1.1　プレゼンテーションの定義と重要性

　プレゼンテーションとは，自分の主張や実行したことを人前で発表することである．もう少し詳しく言うと，ある特定の目的のために，与えられた場所と時間で，聞き手を前にして，自分のアイ

デアや企画，研究成果などを発表し，その結果として，聞き手に意思決定や判断をしてもらう行為のことである．

どんなにすばらしいアイデアを考え出し，すばらしい研究成果を得たとしても，それを制限された時間の中で相手にうまく伝達できなければ，それはよいアイデアやよい研究成果とは聞き手に認識されない．すなわち，プレゼンテーションの良し悪しで，そのアイデアや研究成果が評価されたり，印象づけられてしまうことが少なくない．

自分の研究成果をゼミナールの仲間や他の研究者に認めてもらうため，あるいは自分の企画を上司や同僚に採用してもらうため，または自社の製品を顧客に買ってもらうためにも，プレゼンテーションを上手に行わなければならない．

このような理由で，わかりやすく説得力のあるプレゼンテーションの技能を身につけておくことは学生にとっても社会人にとっても大切なことである．いや，むしろ身につけておかなければならない必要最低限の技能の一つであるといっても過言ではないであろう．

7.1.2 プレゼンテーションの種類

プレゼンテーションは，その目的や形態でいくつかの種類に分類できる．ここでは，プレゼンテーションの目的に聞き手の意思決定を含んでいるかどうかで分類してみよう．

(1) **意思決定を目的としているプレゼンテーションの例**

① **製品説明会**

製品についての説明を行う会合である．聞き手に製品をよく知ってもらい，できれば製品を買ってもらうことを目的として行うプレゼンテーションである．聞き手は，プレゼンテーションを聞いて，その製品を採用するかどうかの意思決定を行う．この場合，聞き手は顧客であったり，一般の人々であったりする．訪問販売のように聞き手が一人であるような場合もあるし，ホテルでの説明会のように数百人規模の場合もある．

② **企画会議**

企業において社員が考えた企画を提案する場である．発表者の目的は，自分の企画を採用してもらうことにある．聞き手は所属する企業の幹部や上司など意思決定の権限を有している人たちである．企画案を採用してもらえるかどうかは，プレゼンテーションの良し悪しが大きなウェイトを占める．

③ **面接**

大学のゼミナールや企業では，新しい人たちを採用するにあたって，よく面接が行われる．発表者は，自分を採用してもらう目的で面接に臨み，自分をアピールする．聞き手は，採用するのに値する人物であるかどうかを吟味し，採用／不採用の決断をする．

(2) **意思決定を目的としていないプレゼンテーションの例**

① **研究発表会**

自分の行った研究の成果を発表する場である．卒業研究，修士論文や博士論文の発表会，学会における研究発表会などがある．聞き手はその分野の専門家である場合が多い．発表者にと

図 7.2　研究発表会

図 7.3　ポスターセッション

っての目的は，聞き手との意見交換や聞き手からの有益なコメントを得ることである（図 7.2）．
② ポスターセッション（Poster session）

　大きなポスターに研究成果をまとめ，そのポスターの前で少人数の聴衆を対象に発表する形式ある．聴衆からの質疑応答を交えることができるので，聴衆はより深い理解ができる（図 7.3）．
③ 講義

　学問を聞き手にわかりやすく解説する場である．ここでは，聞き手に内容を理解させることが目的である．聞き手が意欲的に参加していない場合も多いので，聞き手を飽きさせないことも大切である．

　このように，プレゼンテーションごとに背景が異なるので，プレゼンテーションの目的，聞き手の種類やレベル，人数，参加目的，参加意欲などに応じて，プレゼンテーションの内容や方法を工夫することが大切である．

7.1.3　プレゼンテーションのためのツール

　プレゼンテーションでは，限られた時間内で，アイデアや成果，意見などを他人にわかりやすく伝達し，相手を説得することが求められる．そのために，言葉だけの説明だけではなく，聞き手の視覚を通して説明する方法が有効である．その目的でよく利用されるツールは，黒板やホワイトボード，ポスターや模造紙，ビデオ，パソコンなどである．特に，パソコンの画面上に表示されているスライドをプロジェクタで投影しながら発表を進めていく方法が，現在では一般的である．この場合，スライドはパソコン上で作成しておく必要がある．そのプレゼンテーション用のスライドを作成するためのソフトとして，PowerPoint（Microsoft 社）などがよく利用されている．これらのソフトを利用すると，視覚的に有効な資料の作成や実演が可能となる．

　このようなパソコンを用いたプレゼンテーションにおいては，マルチメディアを用いた表現が可能となり，柔軟性にも優れている．たとえば，一つのスライド上にテキストのほか，イラストや写真，図表などの画像データを載せることができ，それらを動的に表示することもできる．さらに，効果音などを用いて，聴衆の注意を喚起することも可能である．さらに，スライド間の順番の入れ

替えや特定のスライドにスキップさせることも容易にできるので，発表の趣旨に応じて内容の変更や重点の置き方の変更に容易に対応できる．

7.1.4 よいプレゼンテーション

　よいプレゼンテーションとはどのようなものであろうか．それは，わかりやすく，説得力があり，しかも印象に残るプレゼンテーションであろう．

(1) わかりやすさ
　プレゼンテーションの目的は，発表者の主張したいことを定められた時間内に聞き手に伝えることである．したがって，聞き手にとってわかりやすく発表することが最も大切である．そのために

- 文章を箇条書きで表現する
- 資料をビジュアル化する
- できるだけ簡潔に話す

ことなどに心がけて発表することが大切である．

　複雑な内容のプレゼンテーションを行う場合には，正確さを少々犠牲にし，わかりやすさを優先させて発表したほうがよいことも多い．あるいは，わかりやすい比喩を用いることも有効な手段である．このような工夫により，少々正確でなくても聞き手をわかったような気分にさせることは大切である．

　発表者が「聞き手のレベルが低いから自分の発表を理解してもらえない」という印象をもったならば，それは間違いである．実際は，「発表者のプレゼンテーションの技能レベルが低いから理解してもらえない」という場合が多い．あるいは，プレゼンテーションの技能以前に，発表内容に問題がある場合もある．いずれにせよ，発表者の工夫や努力がまだ足りないと考えたほうがよいであろう．

(2) 説得力
　説得力のある発表をするのは，案外難しいものである．声高に自分の主張を連呼しても，聞き手は納得しない．聞き手を納得させるためには論理が必要である．論理的な話をすれば聞き手は納得するであろう．聞き手を納得させるためのもう一つの有力な手段は，データを示すことである．主張を直接的に，あるいは間接的に裏付けるデータを示すことである．論理とデータの2点が，説得力のあるプレゼンテーションには欠かせない．

(3) 印象深さ
　話の内容はよくわかったが印象に残らないプレゼンテーションというのも時折見受けられる．これはよいプレゼンテーションとはいえない．後で聞き手の印象に残らなければ何にもならない．話が立て板に水のごとく滑らかで，機械のように正確で，非の打ち所のないようなプレゼンテーションは往々にして印象に残らないものである．聞き手は人間であるので，発表者のその発表に対する情熱を敏感に感じ取るものである．いかに情熱をもって発表したかが，聞き手の印象を強くする．

7.2 箇条書きによる表現

　発表時に聴衆に見せるスライドにおいて，文章を長々と表示するのは好ましくない．なぜなら，スライド上の文章を読むことは聴衆に過度の負担を強いることになるからである．スライド上の表現は，一見してすぐにわかるように工夫することが大切である．それを実現する一つの方法として，箇条書きスタイルがある．

　箇条書きスタイルでは，図7.4のように，箇条書きの行頭に●や◇などの行頭文字を用いる．この際，箇条書きにした事柄の間の関係を聞き手に視覚的にわからせることも重要である．関係とは，たとえば，階層関係なのか，順序関係なのかといったことである．それを視覚的に表現する方法として，インデント（字下げ）やナンバリング（番号付け）などがよく用いられる．インデントは階層関係を，ナンバリングは順序関係を理解させるのに有効な手段である．

　次に，具体的な例を使って，長い文章を箇条書きスタイルで表現する方法について説明しよう．これは，発表の際に用いるスライドを作成するときに役立つ技術である．

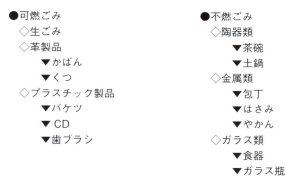

図 **7.4**　箇条書きの例

　逗子市は来年10月から一部家庭系ごみの処理を有料化する．先月24日，市議会第3回定例会で有料化に伴う改正条例案が修正可決され，実質的な導入が決まった．有料化は藤沢市，大和市，二宮町，鎌倉市（来年4月から）に続き県内では5例目．市では今後導入に向けて市民に周知を徹底するとしている．

　有料化するのは「燃やすごみ」と「不燃ごみ」の2項目．ペットボトルや空き缶・びん，容器包装プラスチック，紙・布類など再生利用が可能な資源ごみは従来通り無料で収集する．2項目について市民は来年10月以降，市内商店などで有料の指定袋を購入することになる．負担額は1㍑あたり2円で指定袋は5・10・20・40㍑の4種類．市では他市の実績をもとに算出した1世帯あたりの年額負担は4640円と試算している（20㍑を燃やすごみで週2回，不燃ごみで月に1回使用したと仮定した場合）．また藤沢市と大和市では有料化と同時に戸別回収を導入したが，逗子市は二宮町と同様，従来の拠点回収を継続する．

（タウンニュース　逗子・葉山版　2014年10月10日号[1]から引用）

第 7 章　プレゼンテーション

```
(1)　逗子市：家庭ごみの有料化を導入
  ●市議会が改正条例案を可決
  ●導入時期
      ◇2015 年 10 月
  ●県内 5 例目
      ◇藤沢市
      ◇大和市
      ◇二宮町
      ◇鎌倉市
(2)　有料化する家庭ごみの種類と方法
  ●有料化
      ◇燃やすごみ
      ◇不燃ごみ
  ●無料のまま
      ◇資源ごみ
          ▼ペットボトル・空き缶・びん
          ▼容器包装プラスチック
          ▼紙・布類
  ●有料化の方法
      ◇指定袋の購入
          ▼種類：5・10・20・40 リットル袋の 4 種類
          ▼負担額：2 円／1 リットル
          ▼年額負担：4640 円と試算
```

図 7.5　文章の箇条書きスタイルによる表現

　上の文章を箇条書きスタイルで表現した一つの例を図 7.5 に示す．このように，長い文章を箇条書きで表現すると，わかりやすくなることが理解できるであろう．

7.3　ビジュアルな表現

7.3.1　ビジュアル化の長所と短所

　人間は，外部の情報の多くを目から取り込んでいるので，視覚的に表現された情報のほうが直感的に把握しやすい．したがって，情報を視覚的に表現することは，限られた時間内に多くのことを説明する方法として有効な手段である．視覚的に表現することをビジュアル化といい，その方法として，イラストや写真，グラフ，図，表などがよく用いられる．

　一方，ビジュアル化した表現には省略や強調などがよく用いられるので，正確でない場合がある．したがって，ビジュアル化された情報の解釈には注意が必要である．また，ビジュアル化された情報は直感的にわかったような気にさせるので，表面的な理解に留まってしまうことが多い．さらに，グラフなどの表現では，意図的に誤った印象を与えることも可能である．そのようなビジュアル化の落とし穴にもよく注意しておく必要がある．

7.3.2 ビジュアル化の方法

ビジュアルな表現を用いるとき，どの部分をビジュアル化し，どの部分をテキストで表現すべきかを考えることは大切である．次に，具体的にどこをイラストや写真で表現し，どこをグラフで表現し，どこを図や表で表現すべきかを考える．これらが上手にできれば，聞き手の理解の深さや理解のスピードを向上することができ，そして，それは説明時間の短縮にもつながる．

ビジュアル化の表現手段のうち，グラフは数値的な情報をビジュアル化するときに有効であり，チャートは文章的な情報を表現するのに有効である．その際，次の四つの基本パターンを用いてオブジェクトをチャート化するとよい[2]．

① つなぐ：オブジェクトとオブジェクトを矢線でつないで，前後関係や因果関係，階層関係を視覚的に表現する．図7.6(a)が前後関係や因果関係を，(b)が階層構造をチャート化した図である．
② 仕切る：一つのオブジェクトが複数のオブジェクトに分割できることを視覚的に表現する．図7.6(c)が家庭ごみの分類をチャート化した図である．
③ 重ねる：二つのオブジェクトの集合関係を視覚的に表現する．図7.6(d)が集合関係を表現したチャートである．
④ 包む：二つのオブジェクトの包含関係を視覚的に表現する．図7.6(e)が包含関係を表現したチャートである．

図7.6　チャート化の基本パターン

これらを組み合わせてチャート化すると，構造や関係性が視覚的に表現できるので，プレゼンテーションにおいては効果的である．

7.3.3 文章のビジュアル化

文章をビジュアル化すると，その文章の内容が理解しやすくなる．例として，次の文章をビジュアル化してみよう．

> A市の家庭から出るごみは，「燃えるごみ」「プラスチック」「資源物」「小型ごみ」「大型ごみ」に分類して収集している．一方，ごみを処理する施設としては，「クリーンセンター」と「資源リサイクルセンター」がある．「クリーンセンター」には3台の焼却炉があり，第1機械炉は一日150トン，第2機械炉は一日175トン，第3焼却炉は一日300トンの処理能力を持っている．「資源リサイクルセンター」には，選別施設と粉砕施設がある．それぞれの処理能力は一日70トンである．燃えるごみは，クリーンセンターの第1機械炉と第2機械炉で焼却される．プラスチックは，クリーンセンターの第3焼却炉で焼却される．資源物は資源リサイクルセンターの選別施設で，ガラス4色，アルミ缶，スチール缶，ペットボトルに選別圧縮され再生業者へとリサイクルされる．この処理で選別した資源以外の残渣はクリーンセンターの第3焼却炉に送られる．大型ごみと小型ごみは資源リサイクルセンターの粉砕施設で粉砕され，鉄屑，アルミ屑，その他の金属屑に選別されて再生業者に送られる．ここで出た残渣も第3焼却炉で焼却される．クリーンセンターで焼却できなかった焼却灰は，埋め立て地に運ばれ処分される．なお，家庭から出るごみで，新聞，雑誌，ダンボールなどは古紙業者による直接回収，紙パック・トレイ・アルミ缶などは店頭での回収を奨励している．
>
> (私立大学情報教育協会の資料を改変[3])

上記の文章をビジュアル化した一つの例を図7.7に示す．ここでは，処理過程，ごみの種類，処理施設，処分方法の四つの観点を基本としてビジュアル化した．そして，

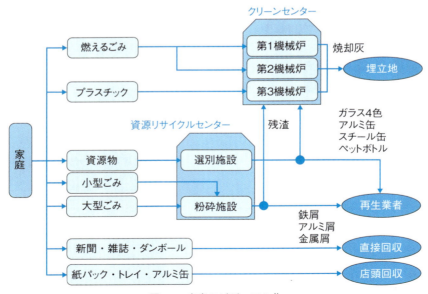

図 7.7　文章のビジュアル化

① 「矢印」:「ごみ」の処理過程を表現
② 左側の「四角形」:ごみの種類を表現
③ 右側の「楕円形」:処分方法を表現
④ 中央の「六角形」:処理施設を表現

など，図形の形に統一した意味をもたせるといった，表現上の工夫がなされている．このように，文章をビジュアル化するとその内容を直感的に理解しやすくなる．このようなビジュアル化の練習を日頃から行うように心がけよう．

7.3.4 数値データのビジュアル化

数値データの視覚的な表現にはグラフを用いるとよい．代表的なグラフの種類を以下で簡単に説明するが，目的や数値データの内容に応じてグラフを使い分けることが大切である．

① 棒グラフ

棒グラフは，項目別の数値データを比較するのに適している．図 7.8 の集合棒グラフは各項目の比較をするのに便利である．一方，図 7.9 の積み上げ棒グラフは，合計の比較と内訳の比較が一つの棒グラフで表現できる．また，100%積み上げ棒グラフを用いると，比率の比較が表現できる．

② 折れ線グラフ

折れ線グラフは，図 7.10 のように横軸に時間軸をとって，数値データを時系列に表現するのに適している．値はマーカーを使用してプロットするとよい．

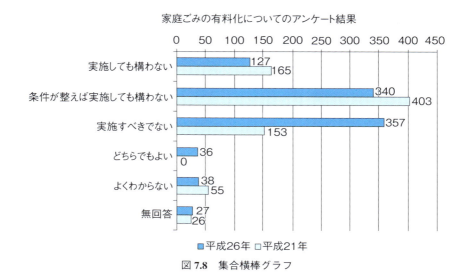

図 7.8 集合横棒グラフ

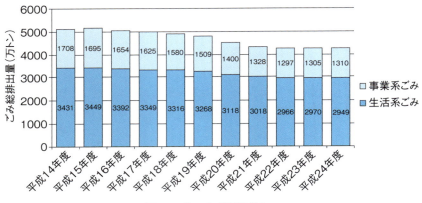

図 7.9　積み上げ縦棒グラフ

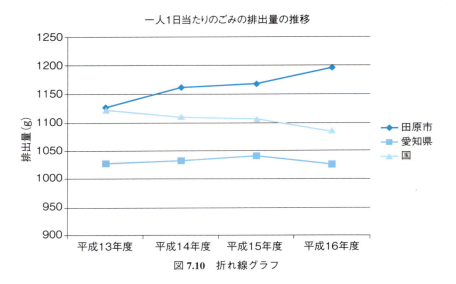

図 7.10　折れ線グラフ

③　円グラフや帯グラフ

円グラフや帯グラフは，全体に対する各項目の比率を表現したい場合に用いられる．図 7.11 は，ごみの有料化に対し負担してもよいと思う 1 か月当たりの金額を示した円グラフである．

④　散布図

散布図は，体重と身長の関係のように二つの数値データの相関関係を表現するのに適している．散布図において，プロットされた点の集合が右上がりの散布状況になっているときは正の相関，右下がりの散布状況になっているときは負の相関があるという．散布図上に近似曲線を描く手法もよく用いられる．図 7.12 は，平成 23 年度の都道府県の人口に対するごみ排出量との関係を表した散布図である．この散布図において，ごみ排出量 y は，都道府県の人口 x を用いて

$$y = 0.3556x - 1.2016$$

7.3 ビジュアルな表現　107

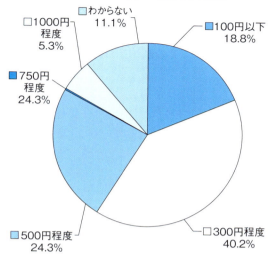

図 7.11　円グラフ

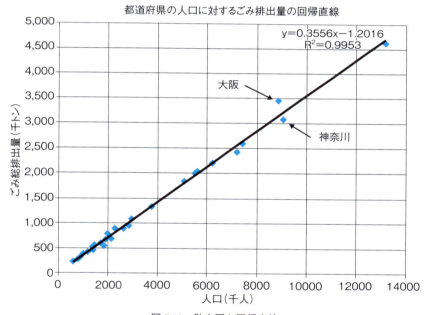

図 7.12　散布図と回帰直線

という直線で近似されることを表している．この直線を回帰直線という．すなわち，人口1000人あたり約0.3556（千トン）のごみを1年間に排出するということをほのめかしている．すなわち，1日に一人1kg足らずのごみを排出しているということである．R^2は0から1までの値をとる決定係数であり，近似式がよく当てはまっていると1に近づき，当てはまっていないほど0に近づく．また，回帰直線より上方にある点（大阪府）は，他の都道府県より一人当たりのごみの排出量が多いことを示しており，下方にある点（神奈川県）は，それが少ないことを示している．横軸に時間軸をとり，過去のデータから将来を予測する目的で回帰直線はよく利用される．

⑤ レーダーチャート

優れている項目や劣っている項目のバランスを一目で認識させたい場合には，レーダーチャートを用いるとよい．図 7.13 にレーダーチャートの例を示す．このグラフから，足利市は一人当たりの処理経費は栃木県平均より優れているが，その他の項目については劣っていることが一目でわかる．

⑤ 2 軸グラフ

一つのグラフ領域で二つのグラフを比較したいときには，2 軸グラフが使用される．横軸の項目軸に対し，縦軸として左縦軸と右縦軸の 2 軸を有していることが特徴である．棒グラフと折れ線グラフの組合せが多い．その例を，図 7.14 に示す．このグラフから，最終処分場の残余容量は年々

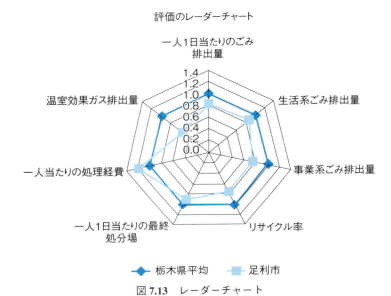

図 7.13　レーダーチャート

図 7.14　2 軸グラフ

減少し，最終処分場が逼迫していることを示しているが，一方，残余年数は年々増加してきており，逼迫感が感じられない結果を示している．

7.3.5　グラフのトリック

時として，グラフなどの視覚的な表現には注意しなければならないことがある．通常，グラフは言葉で述べると何千もの単語が必要な状況を一瞬にしてわからせる便利な道具である．しかし，それだからこそグラフは聞き手に誤った印象を植えつけてしまうことがままある．また，グラフを作為的に作成して，都合のよい結論を導いたり，誤った印象を与えたりすることも可能となる．ここではそのようなグラフのトリックを紹介する．

違いを際立たせるトリックとして，縦軸の最小値を0でない値に変える手法がある．これにより縦軸の尺度が変化し，結果として図7.15(b)のように，ごみの排出量が半減したような印象を与え

(a)　縦軸の最小値が0の棒グラフ

(b)　縦軸の最小値が4000の棒グラフ

図 **7.15**　グラフのトリックの例

ることが可能となる．実際は，図 7.15(a) のように，若干減少した程度である．そのほかに，面積を利用して，視覚的に過剰に大きく見せる手法もあるので，聞き手はトリックに注意してグラフを見なくてはいけない．

7.3.6 よいグラフの書き方

　前述したように，よいグラフは薬になるが，悪いグラフは毒になる．それでは，よいグラフとはどのようなものであろうか．それは，聞き手にとって苦労せずに読み取れるグラフである．そのためには，グラフはシンプルであることが求められる．一つのグラフにあまりにたくさんの曲線が描かれていたり，一つのグラフにたくさんの尺度が用いられたりしているのは，見る人に負担をかけるのでよいグラフとはいえない．一つのグラフから一つの情報だけがよくわかるように工夫しよう．さらに，図 7.16 のように，このグラフから何を主張したいのかの説明をグラフ上に簡潔に書き込んでおくと，聞き手の理解を助ける．

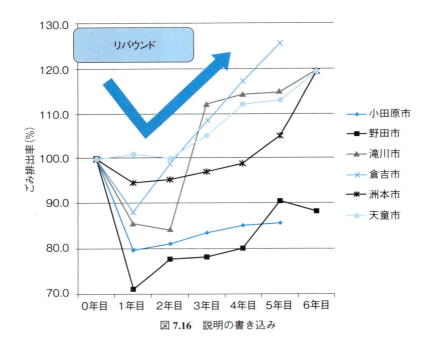

図 7.16　説明の書き込み

7.4 プレゼンテーションの準備

7.4.1 準備の手順

　プレゼンテーションを準備するための一つの手順を以下に示す．読者はこの手順を参考にして，

7.4 プレゼンテーションの準備　　111

自分に適した手順に改善してほしい.

(1) プレゼンテーションの目的と聞き手の把握

プレゼンテーションの目的が何であるのか,そして,聞き手が誰であるのかをしっかりと把握しよう.それにより,発表内容の重点の置き方や進める順番を変える必要があるからである.たとえば,「再生可能エネルギーを使った新しいサービスの考案」についてのプレゼンテーションを例として考えよう.

このプレゼンテーションを経営者に対し行う場合は,新しいサービスの技術的な内容に重点をおくよりも,そのサービスがビジネスとして成立するのかどうかがわかる項目に重点をおいてプレゼンテーションすべきである.なぜなら,経営者の最大の関心はビジネスにあり,そのプレゼンテーションを聞いてその新しいサービスを採用するかどうかの意思決定をしなければならないからである.

一方,技術者を対象とした技術研究会で「再生可能エネルギーを使った新しいサービスの考案」についてプレゼンテーションを行う場合は,新しいサービスの技術的な内容に重点をおいて発表すべきである.技術者にとっては,どのような新技術を利用してサービスを提供しているか,その新技術の将来性や他の分野への拡張性があるかどうかなど,技術的な内容に主な関心があるからである.

また,聞き手のテーマに対する理解度のレベルに対応して,ストーリーの組立て方や説明の仕方,用語の選び方なども変えなければならない.専門家相手の場合は,いきなり本論から入って,専門用語を駆使して,詳細な内容の説明をしてもよいであろう.しかし,専門家でない人たちを相手にした場合,このような発表はいただけない.きちんと主題の背景を説明し,その意義をわからせることが肝要である.詳細な内容の説明は省き,少々正確さを欠いても,全体像がわかるように努力すべきである.

(2) 主題と結論の決定

主題と結論をはっきり決めよう.主題とは,発表において最も主張したいことである.「再生可能エネルギーを使った新ビジネスの売上予測」といった短い文章で書ける程度の主張である.結論のはっきりしていない発表は印象に残らないので,よい発表とは評価されない.自分できちんと最も重要な結論をただ一つだけ言えるようにしておくことが肝要である.

(3) 結論を導くための論理の構築

主題の正当性や結論に至るプロセスを聞き手にどうわかりやすく説明するかを考える.ここが最も骨の折れるところでもあり,工夫のしどころでもある.わかりやすくするためには,話す内容をよく検討し,話の論理や流れが聞き手によくわかるようにすることが大切である.

さらに,説明をなるべく簡潔にすることも重要である.なぜなら,書物と違い,話し言葉はすぐに消滅してしまう性質をもっているからである.すなわち,聞き返すことのできない媒体である.したがって,聞き手は発表者の話をリアルタイムで処理していかなければならない.これは,聞き手にとって重労働である.したがって,できるだけ簡潔に,できるだけ単純な流れのストーリーで話すことが肝要である.そのために,なるべく枝葉の部分は切り落とし,話の骨格がわかるように

説明する必要がある.

また，発表時間を考慮しながら，わかりやすさのためにどれを省略し，どれを残すかを吟味することも重要な作業である．結論までのプロセスは枝分かれが多くないことが望ましい．枝分かれがあると，聞き手はその論理を追うのがつらくなるからである.

具体的には，

① 話したいことを箇条書きで書く.

② それらを因果関係に着目して論理的な順序に並べる.

③ 発表時間とわかりやすさを考慮して，話すことを絞り込む.

という作業を行う.

(4) 背景や前提条件の確認

テーマの背景や前提条件，さらに，そのテーマに関連する過去の先行研究や資料などを確認しておくことは最低限必要である．それにより，このテーマの位置付けが明らかになるからである．また，背景をよく理解していないと誤った前提条件で出発し，その結果として誤った結論を導いてしまうことにもなりかねない．さらに，これらは導かれた結論の信頼性や重要度を聞き手が推し量る材料ともなりうる．実際の条件に対し掛け離れた前提条件や仮定から導かれた結論は，信頼性が低い可能性がある.

(5) 結論の与える影響と今後の課題の検討

導かれた結論の与える影響について，詳細に検討しておくことも重要である．その結論から聞き手がこのプレゼンテーションの重要性を判断するからである．また，残された課題や将来の展望について言及しておくことも必要である．なぜなら，提案された新技術について，それを利用した製品開発はすぐには無理な場合でも，製品化の障害となっている課題が近い将来に解決できる可能性が高い場合や，10年後を見据えたときにその新技術が中核技術となりえる場合は，その新技術をさらに育てていく決断を経営者や技術者がするかもしれないからである.

(6) 説明順序の検討

説明の順序として，結論を最初に示す方法と，最後に示す方法の2通りがある．前者は，聞き手にとって結論がわかったうえで話を聞けるので，発表者の話の論理や筋書きが追いやすいという利点がある．後者は，自然な展開で話を進められるという利点がある．どちらの方法で発表したほうがより効果的であるか検討しておくとよい.

また，最初に発表のアウトラインを述べておくことは，聞き手に親切である．話の流れがあらかじめ聞き手に知らされるので，聞き手に余計なストレスをかけなくて済むからである．以上を考慮したプレゼンテーションの説明順序の一例を図7.17に示す．発表時間に応じてこの発表順序を適宜変える必要がある.

(7) 資料の作成

発表時に聞き手に見せるスライドと聞き手に配布するレジュメなどの資料を作成する．スライドは，箇条書きやビジュアル化に心がけて作成しよう．長い文章を読ませるのは聞き手に負担をかけ

```
1. テーマ名と発表者
2. 発表のアウトライン
3. テーマの背景と目的
4. 先行研究や既存方法の紹介
5. 前提条件や仮定の確認
6. 問題の分析
7. 結論を導く論理やアプローチ
8. 結論
9. 評価と考察
10. 今後の課題
```

図 7.17　アウトラインの例

るが，短い文章の箇条書きならば読む負担が軽減される．箇条書きは，できれば体言止めを使用して文字数を極力少なくし，なるべき1行で収まるように心がけよう．

　また，「百聞は一見に如かず」のことわざどおり，ビジュアルな資料は聞き手の理解を助ける．そのために，文章をビジュアル化して表現したり，図表を用いて表現したりする能力が求められる．その場合，どういう表現方法を用いるのが適切であるのかを検討することが大切である．具体的なスライド作成方法は文献ガイド [4] などを参照されたい．

(8)　発表練習

　最後に発表の練習を何度か行っておこう．その場合，声の大きさ，間の取り方や聴衆を見る視線などに注意をして練習しておこう．

7.4.2　スライド作成に関する留意点

スライド作成上の留意点をいくつかあげておこう．

① スライドの分量

　標準的なスライドの分量の目安として，1スライド当たりの発表時間は30秒から2分くらいと考えよう．あまりにもスライド数が多く，次々とスライドが切り替わってしまうと，聴衆は発表のスピードについていけなくなるので注意しよう．

② 文字の大きさ

　文字の大きさはなるべく大きくし，テキストの長さは1行で収まるようにし，大切なポイントは箇条書きで表現するよう心がけよう．文章を書くのは極力避けるようにしよう．

③ アニメーション効果

　アニメーション効果や音響効果のつけ過ぎには注意しよう．コンテンツが動くので作成者はおもしろく感じるかもしれないが，聴衆のほうは目障りに感じることもある．コンテンツをじっくり見ながら考えたいという聴衆もいる．したがって，アニメーション効果は適度につけることが肝要である．

④ 出典の明記

　図表などのデータに出典がある場合は，スライドの下の方に出典を明記するようにしよう．

第7章　プレゼンテーション

これが，データの信用度を示す指標になる．また，最後のスライドに参考文献等を一覧として表示することが望ましい．

7.4.3　チームで分担するときの留意点

チームでプレゼンテーションを分担するときの留意点について述べる．基本的には，6.3節における留意点と同じである．チームで分担するときに最も留意しなければならないことは整合性の確保である．プレゼンテーションの中で矛盾したことを述べることは避けなければならない．そのためにチーム全員で内容に関する意識合わせを十分に行っておく必要がある．その際，チームリーダーとサブリーダーを決めておくとよい．チームリーダーは全体を統率し，サブリーダーはリーダーの相談役となり，助言を与える役割を果たす．プレゼンテーションの全体構成は，リーダーとサブリーダーで原案を作成し，チーム全員で議論して集約するとよいであろう．

チームで分担してスライドを作成するときの注意点を述べる．

(1)　進め方

①　アウトラインの作成

チーム全員で議論して，アウトラインとその概要を明確にする．

②　分担決め

チームリーダーを決め，各メンバーの分担を決める．また，スライドの書式についても決め，それをメンバー全員に配布しておくと書式の統一が図れる．チームリーダーはスケジュール管理を行い，遅れそうなメンバーがいるときにはサポートする．

③　分担スライドの作成

各自，分担部分のスライドを作成する．その際，必要に応じてチームリーダーと相談しながら進めるとよい．作成したスライドは全員に送付する．

④　取りまとめ

送付された各分担のスライドを一つのファイルに取りまとめる．この作業は，チームリーダーが行う．

⑤　最終レビュー

取りまとめたスライドを全員でレビューする．具体的には，話の流れ，わかりやすさ，抜けや重複，整合性や正確性，文体や書式などの統一性をチェックし，修正する．

(2)　スライドの書式

①　文体の統一

箇条書きによる体言止めを主体とし，文章は「である調」とする．

②　背景デザインの統一

スライドの背景のデザインを統一する．

③　フォントの統一

フォントサイズ，フォントの種類やインデント（字下げ）などを統一する．

④ 図表番号のナンバリング

図表番号のナンバリングやフォーマットを統一する.

7.4.4 プレゼンテーションにおけるスライドの例

本項では，プレゼンテーションにおけるスライドの例を紹介する．テーマは「ごみ減量のための試案」とし，第3章から第5章で説明してきたごみの減量に対する問題解決案を発表するスライドを例として取り上げる．そのアウトラインは以下のとおりである．また，このスライドの例を図7.18に示す.

(1) タイトルと発表者
(2) 発表の流れ
(3) ごみ問題の現状
   ● ごみの排出量の推移
   ● 最終処分地の残余年数
   ● 最終処分場を有していない市町村の割合
(4) 3R
   ● 3R の紹介
   ● 3R の分析
(5) ごみ有料化の分析
   ● リデュースの検証
   ● ごみ有料化推進に向けた課題の抽出
(6) ごみ有料化の課題に対する解決案の提案
   ● ごみ有料化の課題に対する解決案
   ● 不法投棄に対する解決案
   ● 「監視」に関する解決案の評価
   ● 「監視」に関する解決案の結論
(7) 解決案の課題

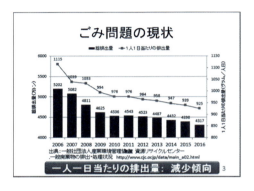
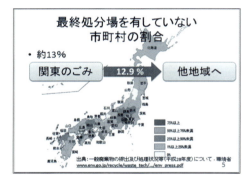
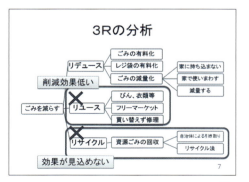
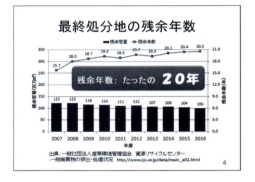

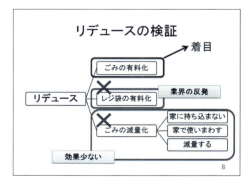

図 7.18　スライドの例

7.4 プレゼンテーションの準備

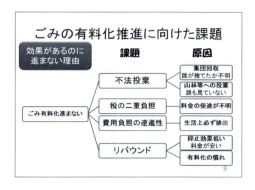

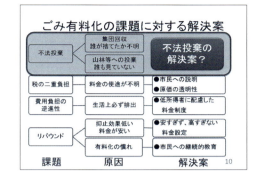

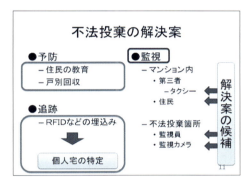

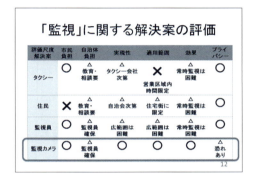

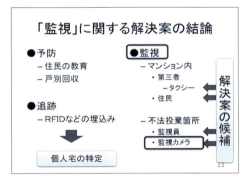

図 7.18 スライドの例（つづき）

7.4.5　口頭発表の技術

口頭発表を行うときには，次の点に注意して発表するとよい.

(1)　姿勢
正面を向き，胸を張って堂々とした姿勢で発表しよう．姿勢が悪いと声も通りにくくなるし，何よりも発表に自信がないように見えてしまう.

(2)　声
声は会場全体に聞こえるくらいの大きさで心持ちゆっくりとしたペースで発表しよう．小さな声や早口は聴衆にとって聞き取りにくく，発表を聞く意欲をなくさせるからである．声に抑揚をつけることにより聴衆の聞き取り方に変化をつけることも大切である．声が単調であると眠くなってしまう．また，少し間を取ることにより，聴衆の注意を喚起することも発表技術の一つである.

(3)　視線
視線も大切である．きちんと聴衆を見ながら発表するように心がけよう．下を向いて原稿やメモを棒読みするのは最悪である．聴衆に感情が伝わらないからである．できれば聴衆の誰か二人くらい特定の人を決め，その人の目を見ながら発表してみよう．そうすると，その人の反応をつかみながら発表できる．時々，会場の後ろの人から前の人，左の人から右の人というように視線の送り先を変えてみるのも，発表に変化が出てよい．しかし，それをやりすぎて落ち着きのない態度に見えてしまってはいけない.

(4)　動作
小さな身振りを入れて発表するのは変化があってよい．しかし，大げさ過ぎるのは逆効果である．指示棒はポイントだけ示すよう心がけよう．やたらに動かすのは目障りである．また，足をゆするなど自分では気がつかない癖をもっている人も多い．そのような癖が出ていないかどうか他人にチェックしてもらうことも大切である.

(5)　情熱
今までに述べたいろいろな発表技術よりもまして，伝えようと思う情熱こそが一番重要であることを忘れてはならない．あまり発表に慣れていなくても一所懸命発表している姿勢の見える人の発表のほうが好感のもてるものである．少々つかえてもよいから，堂々と熱意をもって一所懸命に発表しよう.

(6)　リハーサル
繰り返し発表練習をしよう．その際，発表する内容の原稿を書いておき，1スライドごとの発表時間も計測しておこう．そして，その計測結果を参考にして，全体の発表時間のバランスを見直すようにしよう．しかし，実際の発表時は，暗記した内容を思い出しながら発表するのではなく，話

したいことを，躍動感をもって話すように心がけよう．暗記した内容が少々抜けてしまっても構わない．聴衆に思いが伝わることが大切なのだから．

演習問題

1. 下記の記事を箇条書きスタイルで表現してみよう．
2. ビジュアル化に心がけて，その記事を説明するスライドを作成してみよう．

『コンビニエンスストアから出た消費期限切れの食品などをその場で分解し，生ゴミをなくす』

　流通大手セブン＆アイ・ホールディングスは傘下のコンビニ，セブン-イレブン・ジャパンの都内20店舗に小型生ゴミ処理機を化学大手クラレなどと共同で設置して4月末から稼働を始める予定だ．処理機は約20キロの生ゴミを約24時間で分解し，残るのは分解液のみ．液体肥料にすれば食品リサイクルにもつながる取り組みのカギを握るのは，クラレが開発した直径4ミリの樹脂「クラゲール」だ．
洗濯機ほどの大きさの生ゴミ処理機に，数十万個入った白いクラゲールに食品の残りなどを入れる．内部で水をかけながらかき混ぜると，クラゲール1粒に約10億個棲む微生物がゴミを分解し，1日後に跡形もなくなる．

　クラレがベンチャー企業，シンクピア・ジャパン（横浜市）と共同開発した生ゴミ処理機は，こんな魔法のような仕組みを可能にした．クラゲールは，クラレが世界で初めて事業化した機能性樹脂「ポバール樹脂」からつくる．独自の製造技術で1粒に約0.02ミリの穴を複数開けた網目状にして，微生物をより多く棲みやすい構造にしたのが特徴だ．

　従来はコメのもみ殻の表面に微生物を棲ませる方法や，生ゴミを温風などで乾燥して堆肥にする処理法があった．クラゲールは網目状にすることで同じスペースに棲む微生物を増やし，「もみ殻の表面だけを使う従来の処理機に比べて大幅に小型化できるうえ，乾燥する機械に比べて電気代が抑えられる」（クラレアクア事業推進本部の橋本保・主管）．

　これまでは下水や工場排水の処理設備に活用してきた．排水中の不要な有機物を分解する微生物を槽にためる方法に代わり，微生物の棲むクラゲールをためた槽を採用することで，効率的に処理でき生物分解用の槽を約5分の1まで縮小．多くの施設で採用されている．

　その機能を生ゴミに応用したのが，クラレとシンクピアが共同開発した生ゴミ処理機だ．排水処理と異なり水分の少ない環境で使うため，微生物を生かす水の分量やかきまぜる速度などを調整．分解速度を上げるため，生ゴミの表面を傷つけて微生物の浸透を助ける樹脂「ポリプロピレン」もクラゲールに混ぜるなど工夫を重ね，平成23年12月に業務用として販売を始めた．

　従来は1日の処理量が30～500キロと比較的大型で，給食センターや社食など大規模な食堂に普及してきた．だが，今年2月から縦50センチ×横65センチ×高さ82センチという家庭用洗濯機とほぼ同じサイズの新型機の販売を始めたことで，セブン-イレブンへの設置が決まった．セブン＆アイ・ホールディングスは「売上高に占める割合が高い食品のリサイクル率を向上したい」（広報センター）としている．

　セブン-イレブンはゆくゆくは全国1万7500店超で排出される生ゴミを，各店舗で処理し分解液を発酵して液体肥料化，自社が運営する農場で使う循環型の農業を描く．クラレもコンビニに加え，ファストフード店や保育園など敷地が限られた施設への導入を進めたい考えだ．

　ただ，生ゴミ処理機は貝殻や魚の骨など固いものは処理が難しいなど分別の手間がかかることに加え，「生ゴミ処理機や発酵装置など初期投資を考えると費用が下げられるかどうかが課題だ」（クラレアクア事業推進本部の白木国広部長）．小粒なクラゲールがゴミ処理問題の救世主になれるかどうか―1人ひとりの環境意識も問われることになりそうだ．　　　　　　　　　（SankeiBiz 2015/4/25 15:00）

文献ガイド

[1] タウンニュース　逗子・葉山版　2014 年 10 月 10 日号：「家庭ごみを有料化」，http://www.townnews.co.jp/0503/2014/10/10/255090.html.

[2] 富士ゼロックス：「視覚表現がグッと良くなる―魅力的なチャート図をつくる―」，http://www.fujixerox.co.jp/support/xdirect/magazine/rp1301/13011a.html.

[3] 私立大学情報教育協会：「求められる大学の基礎的情報教育モデルの考察：プレゼンテーション能力のモデル授業」，http://www.juce.jp/LINK/report/daigaku_jouhou/PDF/08.pdf.

[4] 大曽根匡編著，渥美幸雄，植竹朋文，関根純，森本祥一著：『コンピュータリテラシ：―情報処理入門―第 4 版』，共立出版，2019.

[5] 専修大学出版企画委員会編：『新・知のツールボックス―新入生のための学び方サポートブック』，専修大学出版局，2018.

[6] 中野美香：『大学生からのプレゼンテーション入門：ワークシート課題付』，ナカニシヤ出版，2012.

[7] ジェラルド・E・ジョーンズ著，夏目大訳：『チャート・図解のすごい技：プレゼン・企画書の説得力がアップする』，日本実業出版社，2008.

[8] 杉田恭一：『「プレゼン」標準ハンドブック』，技術評論社，2007.

[9] 臼田明美，川西依子：『プレゼンテーション能力トレーニングテキスト』，すばる舎，2002.

[10] 長尾裕子：『うけるプレゼンの技術が面白いほど身につく本：自分の考えを上手に伝えるプレゼンテーションのコツ 35：知りたいことがすぐわかる』，中経出版，2001.

[11] 小林敬誌，浅野千秋：『プレゼンテーション技法＋演習』，実教出版，1996.

[12] 海保博之：『説明と説得のためのプレゼンテーション:文章表現，図解，話術，議論のすべて』，共立出版，1995.

第 8 章 ディベート

　ディベートでは，情報の収集や分析，発信，プレゼンテーションなど，前章までで学んできたことを駆使する．その意味で，ディベートは情報リテラシの最終教材としてふさわしい．

　本章では，ディベートの定義とその効用，ディベートの遂行方法と準備の仕方について学ぶ．特に，立論の準備と構成について詳述する．また，論理的な考え方を身につけてもらうために，論理の構築についても触れる．

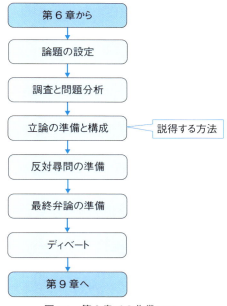

図 8.1　第 8 章での作業フロー

8.1 ディベートとは

8.1.1 ディベートの定義

　ディベートとは，ある論題に対して定められたルールに従って行われる討論のことである．テレ

ビなどのメディアでもディベートと称して政治問題や国際問題などについて討論を行っている様子を見ることができるが，正確にはディベートといえないものが多い．なぜなら，そこにはディベートのルールがないからである．したがって，往々にして出演者は持論のみを展開し，ときには感情的になり，その挙句に，ただの口喧嘩になってしまうこともある．さてそれでは，ディベートのルールとは何であろうか．

ディベートのルール

①　一つの論題に対し，肯定側と否定側に分かれて議論する．
- 肯定側：論題に対し支持の立場で，政策の提案をする側
- 否定側：論題に対し不支持の立場で，提案内容に対し批判的に検討する側

　この二つの立場は，個人的な意見とは切り離して，機械的に決める．たとえば，くじ引きやじゃんけんなどで決める．個人的な意見と切り離すことで，感情的にならず，冷静な議論ができ，多角的な視点を持つことにもつながる．

②　証拠と論理に基づいて議論する．

　発言時間，回数，順番が決まっているので，かなり不自由な議論となるが，それが，発表能力，論理的思考能力，傾聴力などを鍛える．

③　審判団が多数決によって勝敗を決める．

　説得の方向が，相手ではなく審判団になるので，相手を論破しようとか，言い負かそうというのではなく，冷静に審判団を説得しようとするようになる．また，勝てば嬉しく，負ければ悔しいものなので，勝敗をつけることにより，意欲が高まる．

　しかし，ここで注意しなければならないことは，ディベートの目的は単に勝ち負けを争うことではないことである．真の目的は，ディベートを通して，その論題の本質に迫ることである．そのためには，相手の主張をよく聞き，納得できるところは素直に納得するという謙虚な姿勢で臨むことが必要である．そのうえで，相手や審判団をどう納得させるか，あるいは相手がどう自分たちや審判団を納得させようとするか，その議論のプロセスや話術を互いに楽しみながら討論を進めていくことが大切である．すると，ちょうど将棋や囲碁のような論理的なゲームと同様に，勝敗よりもよい試合ができたことに喜びを感じるようになる．ディベートでは，参加者の紳士的な態度が必要であり，それさえ心得ていれば，感情的な口喧嘩などが起こりうる余地はまったくない．

8.1.2　ディベートの効用

　ディベートを行うことの効用について具体的に述べよう．

(1)　情報の収集能力が高まる

　裁判と同じように，ディベートでは証拠資料となる有益な情報をいかに集められるかが勝敗に大きく関係する．そのために，新聞，雑誌，書籍，インターネット等から関係ありそうな情報を収集し，それらの情報の中から有益で信憑性の高い情報をフィルタリングする必要が生じる．したがって，ディベートは情報の収集能力を高める訓練になる．

（2）情報の分析能力が高まる

ディベートでは，収集した情報を多角的に分析し，そこから自説をサポートする資料を作り出す能力が欠かせない．それも，相手側や審判団を納得させるだけの資料を作り出す必要がある．その過程で自然と情報の分析能力が高まり，資料を作り出す発想や着眼点を身につけることができる．

（3）論理的思考能力が高まる

収集した情報を分析し，その結果，得られた知見を利用して，いかに相手側や審判団を納得させるような論理を構築していくか，これを考えるのがディベートの醍醐味である．そこには，矛盾や論理の飛躍があってはならない．この論理の構築を通して，論理的思考能力を高めることができる．

（4）プレゼンテーション能力が高まる

ディベートでは，自説を納得させるために，論理的にわかりやすく相手側や審判団に伝える必要がある．そのためには，プレゼンテーション能力が高くならなければならない．特にディベートは，話し言葉によるリアルタイムのスピーチ能力が問われるので，練習を重ねるとその能力が飛躍的に高まる．

（5）傾聴能力が高まる

ディベートでは，相手側の主張をよく聞き，それを理解して，次にどういう反論を行うかを即座に考えなければならない．そのために自然と，相手側の論理に矛盾はないか，論理に飛躍はないかということに注意を払って相手側の主張を聞くことになる．そのような態度が，話を聞いて理解する傾聴能力を高める．

このように，本書でこれまでに学んだことを駆使するのがディベートである．ディベートこそ「情報リテラシ」の教材として最もふさわしいと筆者らは考えている．

8.1.3 ディベートの遂行方法

本項では，ディベートの遂行方法について学ぶ．

（1）チームの構成

ディベートは肯定側と否定側の2チームで構成する．1チームは2名から4名とするのが一般的である．そのほかに，司会1名と数名からなる審判団（奇数）が必要である．

チームを編成する際に注意しなければならないことは，その論題に賛成の人同士で肯定側チームを，反対の人同士で否定側チームを構成しないことである．個人的な意見に関係なく，ランダムにチームを編成することが肝要である．なぜなら，ディベートは，自分の意見にかかわらず，自分のチーム側の立場で論理を組み立てるゲームだからである．死刑廃止論者であっても，死刑存置論者のチームのメンバとなったならば，その立場で論理を構成しなければならない．教育のためのディベートは，ディベートを通して論理の構築を学ぶ目的で行うからである．

(2) 会場設定

ディベート会場の設定例を図 8.2 に示す．

① 向かって左側を肯定側，右側を否定側の席とする．
② 肯定側と否定側の机は斜めに向かい合わせる．
③ それぞれの席の後ろには，資料を貼るためのボードなどを用意する．ディベートで説明するための資料は印刷してボードにあらかじめ貼っておく．
④ 司会者は肯定側と否定側の間に座り，審判団は正面に座る．

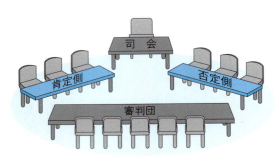

図 8.2 ディベート会場の設定

(3) ディベートの進行形式

ディベートの進行については，ディベートの種類に応じてさまざまな形式が提案されているが，ここでは，文献ガイド［7］による進行形式を紹介しよう．

① 立論：肯定側と否定側のそれぞれが，あらかじめ準備してきた資料や論理に基づいて，それぞれの主張を展開する．なぜ論題に対し支持／不支持なのかを述べる．
② 反対尋問：相手の立論に対し，論理の矛盾点，資料や証拠の誤りや不十分な点を質問し，相手の論理を崩す場である．ここがディベートのハイライトであり，尋問する側も，それに答える側も，さまざまなテクニックが要求される．尋問する側は質問項目をなるべく多く準備しておくことが大切である．一方，答弁する側も想定問答の準備をしておくことが肝要である．この反対尋問の優劣でディベートの勝敗が決することが多いからである．

```
1. 肯定側の立論（5分）
2. 否定側の立論（5分）
3. 作戦タイム（1分）
4. 否定側の反対尋問（12分）
5. 肯定側の反対尋問（12分）
6. 作戦タイム（1分）
7. 否定側の最終弁論（5分）
8. 肯定側の最終弁論（5分）
9. 審判団の判定
```

図 8.3 ディベートの進行例

③ **最終弁論**：反対尋問の討論を踏まえて，もう一度わかりやすく自説の正当性を審判団に主張する場である．

④ **審判団の判定**：審判員は，証拠資料や論理，反対尋問とそれに対する応答などに基づいて，公平な判定を下すようにする．この際，審判員がしてはならないことは

- 論題に対する審判員自身の考えを判定に反映させること
- 参加者に対する個人的な好き嫌いを判定に反映させること

の2点である．審判団はあくまでも参加者の

- 情報収集能力
- 情報分析能力
- 論理の構築能力
- プレゼンテーション能力
- 反対尋問とそれに対する応答能力

を基準として判定しなければならない．そのために，表8.1のような適切なディベート判定用シートを作成しておき，そこに項目ごとの点数を書き込み，その総合点により優劣を判定する．その際，できるだけ客観的に採点するよう心がけよう．また，ディベートの最中に，感情的な発言や不誠実な対応，非紳士的な態度などが見受けられた場合や，定められた制限時間を超えてしまった場合は，減点することも必要である．

表 **8.1** 判定用シート

	評価課目		肯定側	否定側
立論	①	論理性（論理か明快か）	点 （5点満点）	点 （5点満点）
	②	言語明瞭性（言葉がはっきりしているか）		
	③	発表態度（活発に議論したか）		
否定側の 反対尋問	①	質問（論理的に質問したか）	⨉	点 （10点満点）
	②	活発度（活発に議論したか）	点 （10点満点）	
	③	応答（論理的に応答したか）		⨉
肯定側の 反対尋問	①	質問（論理的に質問したか）	点 （10点満点）	⨉
	②	活発度（活発に応答したか）		
	③	応答（論理的に応答したか）	⨉	点 （10点満点）
最終弁論	①	論理性（論理が明快か）	点 （5点満点）	点 （5点満点）
	②	言語明瞭性（声の大きさや話すスピードが適切で聴き取りやすいか）		
	③	発表態度（発表態度はよかったか）		
資料・データ	①	量（データの量は十分か）	点 （5点満点）	点 （5点満点）
	②	信憑性（データの信憑性は高いか）		
	③	分析（データの分析はできているか）		
総合印象	①	熱意（熱意を感じたか）	点 （5点満点）	点 （5点満点）
	②	努力（努力を感じたか）		
	③	紳士的態度（紳士的な態度で取り組んだか）		

126　第8章　ディベート

(4)　ディベートを行ううえでの注意点

① 　紳士的な態度

討論者は紳士的な態度で討論を行い，非礼行為は慎まなければならない．目に余る場合は，司会者が注意を与える．

② 　大きな声

討論者は自らの主張を審判団に伝える必要があるので，大きな声で話すよう心がけよう．審判団が討論者の主張が聞き取れなかった場合，その責任は討論者にあり，その主張は述べられなかったものとされる．

③ 　時間の厳守

討論者は与えられた時間を厳しく守らなければならない．ただし，話している途中に時間が来た場合は，話している途中の文は最後まで言い切ってよい．それ以降に話した内容は審判団によって無視される．

④ 　根拠の提示

討論者は，すべての論点において，根拠を伴って主張しなければならない．討論者が，根拠を伴わない主張をしたときは，審判団はその主張が述べられなかったものと判断する．

⑤ 　相手の主張に反論

討論者は，相手側が述べた主張に対し，何らかの反論をしなければならない．反論がない場合は，審判団は，相手側の主張を認めたものと判断する．

8.1.4　論題の設定

論題は，肯定側と否定側に分かれて議論できるテーマでなければならない．したがって，「地球は太陽の周りを回っている」というような明らかな事実をテーマにして議論することは適当でない．また，「人類を幸福にすべきだ」という論題も抽象すぎて適切な論題とはいえない．具体的に「どういう方策によって人類を幸福にすべきか」までを論題に含ませなければいけない．具体的で話題性があり，しかも，賛否両論あるものが論題としてふさわしい．

論題のタイプには次の3種類がある．

①　事実論題：「たばこは遺伝子を傷つける」のように，論題が事実であるかどうかを論じる．
②　価値論題：「日本市場は閉鎖的である」のように，論題の価値判断について論じる．
③　政策論題：「公共の場所では全面禁煙にすべし」のように，政策の良し悪しについて論じる．

教育的ディベートのように，ディベートの目的が『論理的に議論する力を養う』ことである場合，論題は政策論題が望ましい．なぜなら，政策論題では，評価尺度を決め，その政策によって発生するメリットとデメリットのうち，どちらがどれだけ重要かということを，論理的に議論するからである．一方，価値論題は，人の価値観が入り，その価値観の評価尺度は人それぞれ違い，違う物差しで議論することになる．ときとして，感情的な議論，あるいは，口喧嘩になってしまう場合があるので，論理的に議論する力を養うには不向きである．

8.2 ディベートの準備

ディベートの準備のために，以下の事項について調査したり考察したりする必要がある．

① **論題の理解**

論題は，解決したい大きな目標の一つの解決策として設定される．したがって，論題の裏に隠されたその背景をきちんと理解することが重要である．また，専門的な用語の定義や前提条件の確認もきちんと行うようにしよう．用語の定義や前提条件が不明確であったり，肯定側と否定側で異なっていたりすると，討論がかみ合わなくなってしまうからである．

② **現状の調査**

まず，論題に関する現状を調査することから始めたい．この際，時系列な観点や地理的な観点なども考慮して調査することを心がけよう．調査の方法については第3章を参考にしよう．

③ **問題構造のモデル化**

第5章で説明したように，解決策を創出するためには，問題構造をモデル化し，問題発生の原因を把握することが重要である．そのため，第4章で学んだフィッシュボーン図や課題・原因の関係図などを使用して，問題の発生する原因を解明し，その対策案を考えてみよう．

④ **解決案の創出**

上記対策案のうち前提条件に合い，実現可能性のある解決案をいくつか創り出す．

⑤ **論題の解決案の評価**

評価尺度を決めて，論題の解決案の評価を行う．評価尺度としては，下記のような項目が考えられる．

- ・実現性 　　　　　　・労力
- ・コスト 　　　　　　・効果
- ・適用範囲 　　　　　・適用期間

特性や重要性を考慮して，これらの加重平均などを評価尺度とする方法もある．

⑥ **ディベートの発表内容の検討**

立論内容の検討を行う．その際，制限時間を考慮し，視覚的にわかりやすい図表を準備し，説得力のある論理を構築することが重要である．また，反対尋問において予想される質問項目も準備し，ある程度の想定問答を考えておくとよい．

ここで注意しておくべきことは，肯定側と否定側は同じ論題に対して討論するが，解決したい大きな目標は同じであるということである．ディベートでは，論題に示されている一つの解決策がよいかどうかを論じるが，肯定側の結論や否定側の結論を，前提条件，論理，証拠となるデータ，評価尺度の違いなどによって，あえて導き出すことを行う一種のゲームである．頭の体操と割り切って，与えられた結論を導き出すようにしよう．

128　第8章　ディベート

8.3　立論の準備と構成

　本節では，立論の構成とその準備について具体的に説明する．論題の例として，「家庭ごみの有料化は是か非か」を考える．肯定側と否定側に分けて，8.2節で示した手順に従って準備してみよう．

8.3.1　肯定側の立論の準備

① **論題の理解**

　論題「家庭ごみの有料化は是か非か」は，「ごみの排出量を削減したい」という目標が背景にあり，その一つの解決策として，「家庭ごみの有料化」が論題として取り上げられていることを理解する．そのために，最終処分場の残余容量と残余年数について調査する．そして，最終処分場の残余容量が逼迫していることを立証し，ごみの削減策を考えることが急務であることを主張できるような資料を準備する．この際，ごみの分類を調査し，家庭ごみの定義や内訳について明確にしておく．

- 調査項目
  1) 最終処分場の残余容量と残余年数
  2) ごみの分類
  3) 家庭ごみの内訳

② **現状の調査**

　事業系ごみと生活系ごみの排出量の時系列の推移を調査し，家庭から排出される生活系ごみが多いことを主張できる資料を準備する．

- 調査項目
  4) 家庭ごみの排出量の経年変化

③ **問題構造のモデル化**

　ごみ問題の3Rの取り組みについて調査する．そして，そのうちのリデュースの取り組みが最も重要であることを導き出せるような論理を準備する．また，解決案の創出に必要となる基礎データを収集する．

- 調査項目
  5) 3Rの取り組み
  6) 基礎データの収集

④ **解決案の創出**

　解決案の具体的な方法について考える．また，それは実現可能性が高い方法であることを説明できるよう準備する．そして，家庭ごみの有料化による定性的なメリットをできる限り列挙する．

- 調査項目

7）　具体案の策定

　　8）　実現可能性の検討

　　9）　家庭ごみの有料化の定性的メリット

⑤　論題の解決案の評価

　　評価尺度を決めて，論題の解決案の評価を行う．たとえば，家庭ごみの有料化を実施して効果をあげた自治体の調査を行い，定量的に排出量が減少した成功事例のデータを準備する．また，家庭ごみの有料化を提言する専門家の論文を調査し，そのメリットを裏づける証拠資料の調査をできる限り準備する．

- 調査項目
　　10）　家庭ごみの有料化の成功事例

　　11）　家庭ごみ有料化を提言する専門家の文献

8.3.2　肯定側の立論構成

肯定側の立論構成の一つの例を紹介する．

① 論題の背景と基本知識

- 課題の重要性：最終処分場の残余容量が年々減少していることと，残余年数があと 20 年分しかなく，きわめて逼迫していること示し，課題の重要性を認識させる．
- ごみの分類：ごみの分類を示し，家庭ごみの定義を説明する．
- 家庭ごみの内訳：家庭ごみの内訳と排出量の割合を提示する．

② 現状分析

- 家庭ごみの排出量全体に対する比率：ごみの排出量の経年変化を示し，家庭ごみがごみ全体の 7 割を占めていることを説明する．

④ 問題分析

- 3R の取り組み：3R の取り組みを説明し，そのうち，家庭ごみの削減に着目した理由を述べる．
- 基礎データの提示：具体案を策定するときに必要となるごみ処理原価やごみの排出量などの基礎データを提示する．
- 解決案創出のプロセスの説明

⑤ 具体的案の提示

- 指定袋の有料販売方式の具体案を提示する．
- 実現可能性の説明：負担額が市民の許容範囲内であることを示す．

⑥ 論題の解決案のメリットの列挙

- 減量化：減量効果がある．
- 意識改革：家庭ごみの削減意識が高まる．
- 負担公平性：従量制なので負担が公平になる．
- 財政負担軽減：自治体の財政負担が軽減できる．

⑦ メリットを裏付ける証拠資料の提示

- 有料化を実施して効果をあげた自治体の排出量データ

130   第8章 ディベート

- 有料化を提言する専門家の論文
- 有料化の効果を示すアンケート調査結果

⑧ 結論
- 家庭ごみの有料化は是である．

この立論をスライドにした例を図 8.4 に示す．

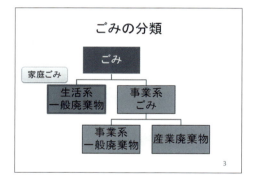
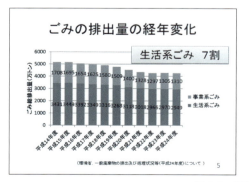
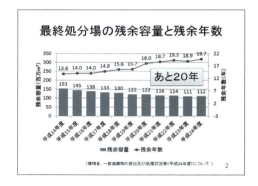

図 8.4　肯定側立論のスライド例

8.3 立論の準備と構成

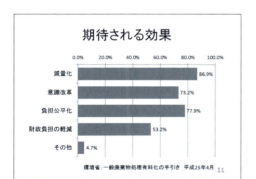
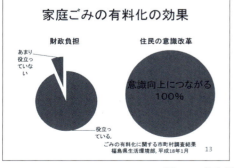
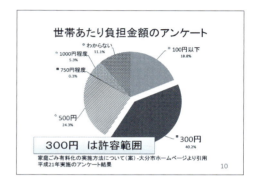
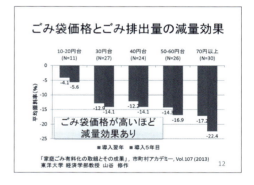

図 8.4 肯定側立論のスライド例（つづき）

8.3.3　否定側の立論の準備

否定側の立論の方法は，大きく分けて3種類ある．

① **課題否認方式**：課題そのものが大した問題ではないという立場で立論する方式である．たとえば，「ごみの排出量を削減したい」という大きな課題そのものを否認する立場である．この場合，現状分析で最終処分場の残余容量は逼迫していないことや，ごみ問題は他の社会問題に比べて大きな問題ではないことを主張することが，立論の要点となる．

② **提示案否認方式**：課題は認めるが，提示案は否認するという立場で立論する方式である．たとえば，「ごみの排出量を削減したい」という課題は認めるが，「家庭ごみの有料化」という解決案は否認する立場である．この場合，「家庭ごみの有料化」という解決案のメリットが小さいことやデメリットが大きいこと，解決案の実現可能性が低いことなどを，立論で重点的に主張する．

③ **対案提示方式**：対案を提示し，対案のほうが優れているという立場で立論する方式である．この場合，肯定側の解決案と否定側の対案とを比較し，対案の方が，メリットが大きい，あるいは，デメリットが小さい，実現可能性が高いことを主張しなければならない．そのため，対案の方が有利になるような前提条件や評価尺度を設定することに注意を払う必要がある．

ここでは，対案提示方式の場合の否定側の立論の準備について紹介する．

① **論題の理解**

　論題「家庭ごみの有料化は是か非か」は，「ごみの排出量を削減したい」という目標が背景にあり，肯定側は，その一つの解決策として，「家庭ごみの有料化」を提示したことを理解する．そのため，最終処分場の残余容量について調査する．そして，最終処分場の残余容量が逼迫しているかどうか検討する．ここではそれを認め，否定側として，肯定側の解決案以外の対案を提示しなければならないことを認識する．肯定側と同様に，ごみの定義と分類についても調査するが，この際，対案を思いつくヒントが隠されていないかという意識をもつことが大切である．

- ● 調査項目
  - 1)　最終処分場の残余容量と残余年数
  - 2)　ごみの定義や分類

② **現状の調査**

　事業系ごみと生活系ごみの排出量の時系列の推移について調査する．そして，事業系ごみの割合も少なくないことを立証する資料を準備する．また，大都市は事業系ごみの比率が高いということを立証する資料を探し，事業系ごみの削減策を考えることは重要であることを主張できるようにする．そして，事業系ごみの組成について調査しておく．

- ● 調査項目
  - 3)　事業系ごみと生活系ごみの排出量の割合

4)　大都市の事業系ごみの比率

　　5)　事業系ごみの組成

③　**肯定側の解決案のデメリットの列挙**

　　肯定側の解決案のデメリットを調査し，できる限り列挙できるようにする．この際，定量的なデータが説得力をもつので，そのようなデータを探し出すようこころがけよう．

　　－リバウンド：有料といっても負担が小さいので，ごみ排出量が一時的に減っても，すぐに元に戻ってしまう現象である．これを立証する資料を探し出すようにしたい．たとえば，実際にリバウンドが起こった自治体のデータを提示する．

　　－不法投棄：料金を支払ってまでごみを出すことを嫌い，不法投棄が増える．この実データを探して提示する．

　　－税の二重負担：「本来，ごみ処理は行政が行うべき仕事である．それなのに，住民税を支払った上に，家庭ごみの処理費をも負担するのはおかしい」という専門家の意見を探して提示する．さらに，家庭ごみの有料化は，地方自治法第 227 条に抵触するという学者の見解を提示する．

　　－費用負担の逆進性：低所得者の負担割合が高くなる制度なので好ましくないことを論理的に説明する．

　　－その他の問題点の列挙

　　● 調査項目

　　6)　肯定側の解決案のデメリット

　　7)　デメリットを表す定量的なデータ

④　**問題構造のモデル化**

　　問題構造を明確にし，解決のヒントとなるような資料を収集する．そして，事業系ごみに着目し，その 3R への活用方法を考え，リデュースばかりでなく，リサイクルやリユースの取り組みも重要であることを導き出せるような論理を準備する．

　　● 調査項目

　　8)　問題解決のヒントとなるような資料

⑤　**対案の創出**

　　否定側は，対案の具体的な方法について考える．また，それは実現可能性が高い方法であることを説明できるように準備する．そして，対案のメリットをできる限り列挙する．

　　● 調査項目

　　9)　事業系ごみ有料化のメリット

⑥　**論題の解決案と対案の評価**

　　評価尺度を決めて，論題の解決案と対案の評価を行う．具体的には，事業系ごみの有料化を実施して効果をあげた自治体の調査を行い，定量的に排出量が減少したデータを準備する．また，事業系ごみの有料化を提言する専門家の論文を調査し，そのメリットを裏づける証拠資料の調査をできる限りしておく．

　　● 調査項目

　　10)　事業系ごみの有料化の成功事例

　　11)　事業系ごみ有料化を提言する専門家の文献

134 第8章 ディベート

8.3.4 否定側の立論構成

否定側の立論構成の一つの例を紹介する.

① **論題の背景と基本知識**
- 課題の重要性：最終処分場の残余容量の逼迫性→認める

② **現状分析**
- 現状：事業系ごみの排出量の比率も少なくない（約3割）
- 大都市では事業系ごみの比率が大（約4〜6割）
- 着眼点：事業系ごみを削減したい
- 事業系ごみの定義と分類

③ **論題の解決案のデメリット**
- 家庭ごみの有料化によるデメリットの列挙
  - リバウンド
  - 不法投棄
  - 税の二重負担
  - 費用負担の逆進性
  - ダイオキシンの発生
  - 生産者負担のトレンドに逆行

④ **デメリットを裏づける証拠資料の提示**
- 家庭ごみの有料化を実施しても効果が上がらなかった自治体の排出量データ
- リバウンドのデータ
- ダイオキシンの危険性のデータ
- 家庭ごみの有料化に疑問をもっている専門家の論文の紹介

⑤ **対案の方針**
- 事業系ごみの有料化による3Rの推進

⑥ **対案の具体的手段の提示**
- 事業系ごみの有料化
- 従量制
  - 指定業者による収集：　　200円／kg
  - 処理施設への搬入：　　100円／kg

⑦ **論題の解決案と対案との比較**
- 家庭系ごみの有料化によるデメリットが解消
- 事業系ごみの有料化の有効性を示すデータ
- 3Rすべてに有効

⑧ **結論**
- 家庭ごみの有料化は非である.

この立論をスライドにした例を図8.5に示す.

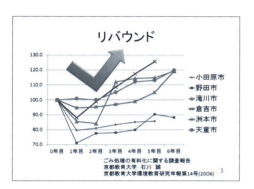
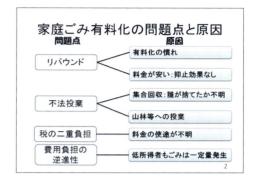
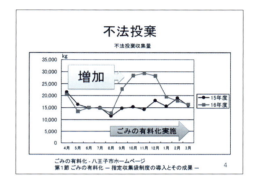
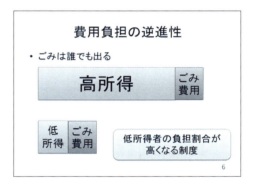
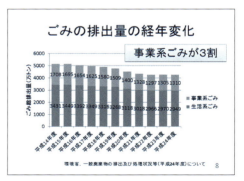

図 8.5　否定側立論のスライド例

第 8 章 ディベート

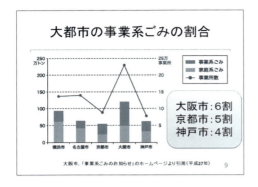
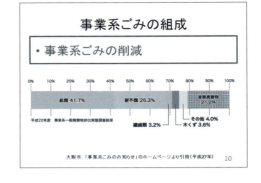
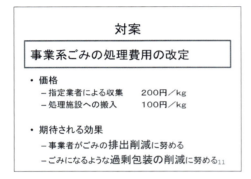
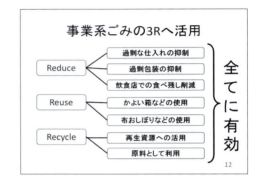
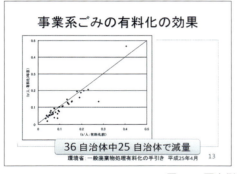
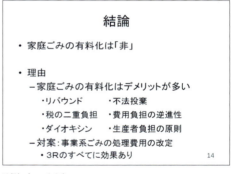

図 8.5　否定側立論のスライド例（つづき）

8.4　反対尋問と最終弁論の準備

8.4.1　反対尋問の準備

本項では，反対尋問とその応答について説明する．

① 反対尋問の仕方

「何々については，いかがですか」の質問は避けよう．相手側に有利な話を長々とされてしまうからである．尋問時間は限られているので，自説が有利になるような Yes か No で答えさせる質問を用意しよう．

② 否定側の反対尋問の準備

肯定側の解決案のデメリットのデータや証拠を提示して，デメリットを次々に認めさせるようにしたいので，そのためのデータや証拠をできる限り準備する．

③ 肯定側の反対尋問の準備

肯定側の解決案のメリットのデータや証拠を提示して，メリットを認めさせるようにする．また，否定側の対案の問題点を見つけて，実現可能性や有効性が低いことを指摘する．

④ 反対尋問の応答の準備

ある程度の反対尋問を想定しておき，その応答の内容を考えておくことが大切である．すなわち，否定側の反対尋問に対して，肯定側は，デメリットに対する施策を調査し，解決されているデメリットを把握しておく．また，解決されていないデメリットがあっても，それは小さなことだと反論できるデータを探して反論できるようにしておく．その際，肯定側の評価尺度を持ち出して説得するよう心がける．さらに，デメリットよりも論題の提示案を採用することのメリットのほうが大きいことを，データを示して主張できるようにしておく．否定側が提示すると予想される証拠資料やデータについても調査しておき，その資料に問題点がないかどうかも検討しておくとよい．

その逆に，肯定側の反対尋問に対して，否定側は，メリットがあってもそれは小さなことだと反論できるよう準備しておく．そのために，家庭ごみの有料化による効果が小さかった自治体の資料を数多く用意しておく．そして，否定側の評価尺度を持ち出して説得する．論題の解決案のメリットよりも対案のメリットのほうが大きいことを改めて主張する．証拠資料に対する信憑性，最新性，限定性などについても問題があれば指摘できるようにしておこう．

8.4.2 最終弁論の準備

最終弁論は，これまでのディベートで展開された討論をまとめ，自説のほうが正しいことを限られた時間で論理的に説明し，審判団を納得させる場である．これは，相当の能力がないと，そして，経験を積まないとうまくいかないが，トライしてみよう．立論の要約と反対尋問のやり取りの中で自説の有利になるところだけを切り取って主張してみよう．

① 肯定側の最終弁論

論題の解決案のほうが，対案より効果があるということを主張して締めくくる．その際，反対尋問時の質疑や応答で主張したことを引用し，改めてその理由や証拠資料を述べる．

② 否定側の最終弁論

対案のほうが，論題の解決案より効果があるということを主張して締めくくる．その際，反対尋問時の質疑や応答で主張したことを引用し，改めてその理由や証拠資料を述べる．

8.5 説得する方法

8.5.1 データと論理

立論の証拠となる収集したデータと論理で審判団や相手側を説得するのがディベートである．そのときによく使われる手法に三段論法がある．図 8.6 に三段論法の概念図を示す．すなわち，下記のように，データ①と論理②から結論③を導く論法である：

① データ：「x は A である」
② 論理：「A ならば B である」
③ 結論：「x は B である」．

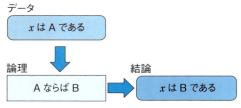

図 8.6 三段論法の概念図

たとえば，結論「ソクラテスは必ず死ぬ」を導くために，「ソクラテスは人間である」というデータと，「人間ならば必ず死ぬ」という論理を示して，納得させる手法である．この三段論法では，

④ 「x は A である」という事実を納得させる
⑤ 「A ならば B である」という推論を納得させる

ことが必要である．集合論のベン図を用いると，④は，図 8.7 に示すように，「x は集合 A の要素である（$x \in A$）」ことを示せばよく，⑤は，図 8.8 に示すように，「集合 A は集合 B に包含されている（$A \subset B$）」ことを示せばよい．これより，図 8.9 のように，論理的に「x は B の要素である（$x \in B$）」ことが証明できるので，誰しも納得せざるを得ない．

図 8.7 x は A の要素

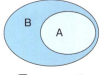

図 8.8 $A \subset B$

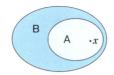

図 8.9　x が A の要素　⇒　x は B の要素

　一方，この結論③を覆したいならば，
　　⑥「x は A ではない」
　　⑦「A ならば B である」とは限らない

のどちらかを納得させればよい．ベン図で表現すると，それぞれ，図 8.10 の「x は A の要素ではない（$x \notin A$）」と図 8.11 の「A⊂B ではない」に示す関係である．前者の場合，「A⊂B」であっても，「x は B の要素であるとは限らない」ことが導き出される．また，後者の場合，「x が A の要素である（$x \in A$）」としても，必ずしも結論 $x \in B$ が導かれるとは限らないことがわかる．したがって，結論「ソクラテスは死ぬ」とは限らないことを導くためには

　　　「ソクラテスは人間ではない」
　　　「人間は必ず死ぬとは限らない」

のどちらかを示せばよいことになる．

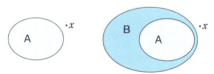

図 8.10　x が A の要素ではない場合，x は B の要素でない場合がありうる

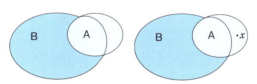

図 8.11　A⊂B ではない場合，x は B の要素でない場合がありうる

　ここで注意しなければならないことは，⑥や⑦が成立したとしても，「結論③が成立することもある」ことである．すなわち，「ソクラテスは死ぬとは限らない」ことが言えただけで，「ソクラテスは死ぬこともある」のである．その場合，確率が重要な尺度となる．たとえば，$x \in A$ であるが，A⊂B とは限らない場合，$x \in B$ となる確率と $x \notin B$ とはならない確率がポイントとなる．したがって，事例を数多く調べて，頻度を調査することは大切である．

140 第 8 章　ディベート

> ● 風が吹くと… ●
>
> 　有名な小噺に「風が吹くと桶屋が儲かる」というのがある．これも三段論法を連続的に使って，おもしろおかしく聞き手を納得させようとしている．すなわち，「風が吹くとほこりが立つ．ほこりが立つとほこりが目に入る．ほこりが目に入ると失明する人が出てくる．失明する人が増えると三味線弾きが増える．三味線弾きが増えると三味線がよく売れる．三味線がよく売れると三味線の材料となる猫が減る．猫が減るとねずみが増える．ねずみが増えると桶がねずみにかじられる．桶がねずみにかじられると桶屋が儲かる」という論法である．

8.5.2　三角ロジック

　三段論法は，反論の余地のない数学的な証明には威力を発揮するが，ディベートのように真か偽かどちらにも取れるような論題に対しては使用する機会が少ない．むしろディベートでは三角ロジックがよく用いられる[2], [4]．三角ロジックは，主張とデータと論拠を図8.12のように三角形で結んで表現する．この図は，主張がなぜ言えるのか（Why?）の答えをデータと論拠に求め，一方，データと論拠から何が結論となるか（So What?）の答えが主張となることを示している．

　具体例として，「家庭ごみを有料化すればAさんの家庭ごみは減る」を三角ロジックで表してみよう．三つの頂点を

- 主　張：Aさんの家庭ごみは減る
- データ：Aさんは標準的な年収の人である
- 論　拠：標準的な年収の人は払うのが嫌なので家庭ごみを減らすよう努力する

とし，図8.13のように表現できる．この三角ロジックを使用して，相手側や審判団を納得させる方法は有効である．

　一方，三角ロジックにおける主張を覆すには，データと論拠の検証を行い，どちらかが誤っているか，あるいは，そうは言いきれないことを示せばよい．たとえば，データとして「Aさんは年収が高い人である」ことを示すデータを収集し，論拠を「年収が高い人は払ってもよいので家庭ごみを減らそうとはしない」として，図8.14のような三角ロジックで反対の結論を導くことができる．

　また，論拠を否定し，「標準的な年収の人は払うのが嫌なので家庭ごみを不法投棄する」という証拠を多く集めることができたならば，図8.15のような三角ロジックで主張を覆すことができる．

　なお，三角ロジックにおいて，図8.16のように，個々のデータを一般化して結論を導く方法を帰納法という．逆に，図8.17のように，一般化された論拠から個別のケースに対する結論を導く方法を演繹法という．どちらも，論理的に話す際によく用いられる手法である．

8.5 説得する方法

図 8.12　三角ロジックの模式図

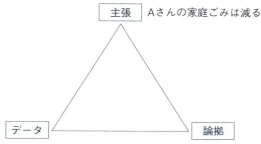

図 8.13　三角ロジックの例

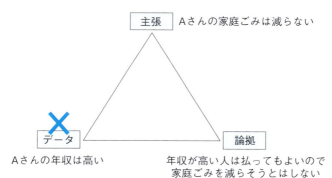

図 8.14　三角ロジックにおけるデータの否定

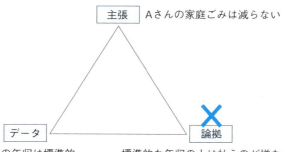

図 8.15　三角ロジックにおける論拠の否定

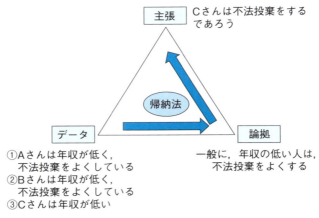

図 8.16　三角ロジックにおける帰納法

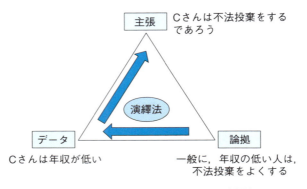

図 8.17　三角ロジックにおける演繹法

8.5.3　データと論拠の検証

上述したように，ディベートでは，傍証となるデータや論理や論拠を認めさせる証拠資料の収集が大変重要である．具体的には，統計データ，実例，専門家の意見，新聞の論評，書物などから，データや論拠をサポートする証拠資料を探し出す．その証拠資料からデータや論拠の妥当性を主張するのだが，その際，下記のことを十分に検証しておこう．

① データに関して
　　データの量，データの鮮度，データの信頼性，正確な引用
② 論拠に関して
- **因果関係**：原因から結果を導く論理の妥当性
- **兆候**：あるデータが結論の兆候の一つとなっていることの妥当性
- **類推**：二つ以上のデータの類似点を一般化して構築した論拠の妥当性

これらを検証しておかないと，相手側に反駁されてしまい，証拠資料としての価値が失われ，それに基づくデータや論拠の信頼性がゆらいでしまうからである．

審判団による肯定側と否定側の優劣は，

① 自説に有利なデータをたくさん集めることができたか
② 信憑性のあるデータを集めることができたか
③ データ分析により説得力のある資料を作成できたか
④ 説得力のある論理を構築できたか
⑤ 迫力のある立論の発表ができたか
⑥ 厳しい反対尋問ができたか
⑦ 機微にとんだ応答や反論ができたか

などによって決められる．特に，反対尋問におけるやり取りがディベートの醍醐味である．鋭い指摘や厳しい追求に青ざめたり，思いがけない反論に立ち往生したり，あるいは，機転の利いた反論に思わず感心してしまうこともあるだろう．それを経験することがディベートを行う目的の一つである．

8.5.4 相手や審判団を説得する手法

同じ論点を議論しているにもかかわらず，ディベートにおいて，結論が肯定側と否定側に分かれる理由は，

- 目指している目標が違う
- 現状認識が違う
- 評価尺度やその優先順位が違う
- 前提条件が違う

からである．そういう状況の中で，相手側や審判団を説得するためには，

- 自分の目指している目標のほうが正しい
- 自分の現状認識のほうが正しい
- 自分の評価尺度のほうが正しい
- 相手の前提条件に抜けがある
- 用語の定義がそもそも違う

などについて主張することが有効である．

ディベートでは，その勝敗は重要ではない．ディベートを行うための準備がよくできたか，資料の作成がよくできたか，そして，当日，よいディベートを行うことができたかということが重要なのである．したがって，よいディベートをできるようお互い心がけ，感情的にならず，論理的に討論し，ディベート終了後はお互いの健闘を称え合おう．そういう紳士的な態度を身につけることもディベートの目的の一つである．そして，ディベートの訓練によって，情報リテラシの能力を高めることが真の目的である．

演習問題

1. 否定側の立場で，反対尋問における質問を作成してみよう．
2. 肯定側の立場で，対案のデメリットをあげてみよう．

文献ガイド

［ 1 ］ 松本茂，河野哲也：『大学生のための「読む・書く・プレゼン・ディベート」の方法　改訂第 2 版』，玉川大学出版部，2015.

［ 2 ］ 松本道弘：『図解ディベート入門：1 時間でわかる』，中経出版，2010.

［ 3 ］ 西部直樹：『誰でもできるディベート入門講座：ビジネス・コミュニケーションを活性化させる技術』，ぱる出版，2002.

［ 4 ］ 茂木秀昭：『論理力トレーニング：ディベート技法の活用による論理的思考法が身につく本』，日本能率協会マネジメントセンター，2002.

［ 5 ］ 安藤香織，田所真生子：『実践！アカデミック・ディベート：批判的思考力を鍛える』，ナカニシヤ出版，2002.

［ 6 ］ 北岡俊明：『ディベートの技術：論理的な思考方法から議論に負けない話し方まで』，PHP 研究所，1996.

［ 7 ］ 北岡俊明：『ビジネスディベートの方法と技術』，産能大学出版部，1993.

［ 8 ］ 松本道弘：『やさしいディベート入門：論争・会議・商談の武器：人生に勝つための知的技術』，中経出版，1990.

第9章 ディベートの実践

　本章は，ディベートについて学んだ学生が，ゼミナール活動の一環として行ったディベートを，ビデオ撮影し，文字起こし編集して制作したものである．模範的なディベートを目的としたものではなく，ディベートの準備，進行，判定などの実践について検討するときの材料である．

9.1　ディベートの概要

（1）　チーム構成と司会
　　　肯定側：Ｓチーム，3名
　　　否定側：Ｍチーム，3名
　　　司会は教員が担当した．

（2）　会場設定
　　教壇と教卓があり聴講者のテーブルと椅子（いずれも固定されている）がある視聴覚教室（定員200名）．教壇側中央に設置されているスクリーンにスライドを投影してディベートを実施する．

（3）　ディベートの構成
　　　立論　肯定側（Ｓチーム）　　　5分
　　　　　　否定側（Ｍチーム）　　　5分
　　　作戦タイム　　　　　　　　　　1分
　　　反対尋問　否定側（Ｍチーム）　12分
　　　　　　　　肯定側（Ｓチーム）　12分
　　　作戦タイム　　　　　　　　　　1分
　　　最終弁論　否定側（Ｍチーム）　5分
　　　　　　　　肯定側（Ｓチーム）　5分

9.2 ディベートの模様

ディベートの模様を図 9.1 に示す.

図 9.1　ディベートの模様（反対尋問　否定側（M チーム））

ディベートで使ったスライドと立論, 反対尋問, 最終弁論の内容を(1)から(6)に示す.

(1) 肯定側立論

a. スライド

肯定側立論に使ったスライドを図 9.2 に示す.

b. 内容

司会：肯定側の立論を始めます. では, よろしくお願いします.
S チーム：肯定側の立論を始めます.
　まず私たちはゴミ問題の現状, 目標と対策の階層化, 有料化のメリット, 有料化の課題・原因・対策, 対策の提案という流れで発表していきたいと思います.
　ゴミ問題の現状について説明します. 環境省の統計によると, ゴミの総排出量は昭和 62 年頃から増加し, 平成 20 年頃からは減少傾向にあるものの, 全体としてはほぼ横ばいとなっています. また, 最終処分場の残余量は年々減少しており, 処分場の残余年数は 20 年未満となっています. 残余年数はゴミ処理場の処理能力の向上などにより伸びていますが残容量は着実に減少しており, 早急な対策が必要な状況です.
　現在有料化が実施されている自治体を例にとり, 有料化の現状について説明します. 可燃ゴミ, 不燃ゴミ共に指定のゴミ袋を有料で販売するというものです. 環境省の定義によれば, ゴミ袋を販売する際に, ゴミ袋そのものの価格にゴミ処理費用負担を上乗せして販売することがゴミの有料化だとされています. 私たちは有料化の目的として, 生活系ゴミの減量, 引いては最終処分場の延命, 循環型社会の実現を挙げます. そのための施策として 3R がありますが, リユース・リサイク

9.2 ディベートの模様

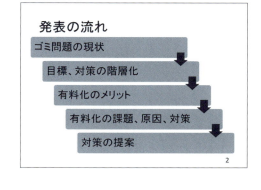
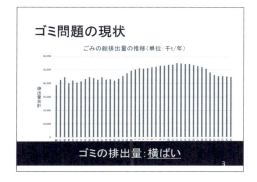
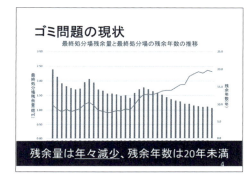
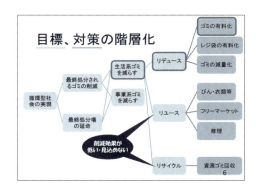
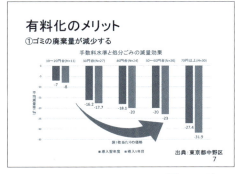
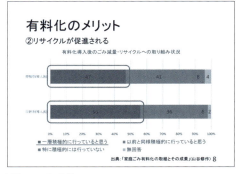

図 9.2 ディベート・肯定側立論・スライド

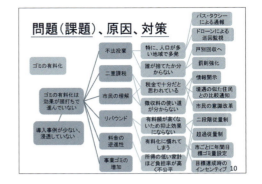
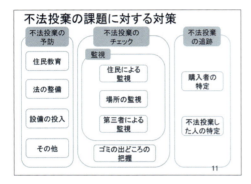
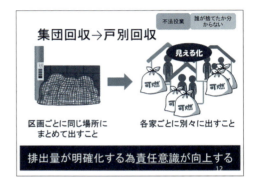
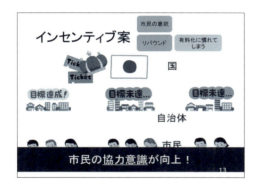

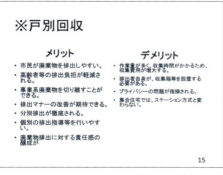
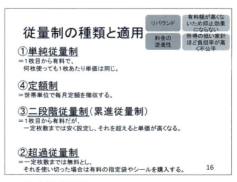

図 9.2　ディベート・肯定側立論・スライド（続き）

ルは削減効果が低いと考え，私たちはリデュースを取り上げ，中でも有効な施策としてゴミの有料化を主張します．

ゴミ有料化のメリットとしては大きく2つが挙げられます．1つはゴミの廃棄量の減少です．袋1枚が10円から20円台だとすると7％の減量効果，70円以上だと27.4％の減量効果があり，袋の金額が上がるほど高い減量効果が見られます．二つめはリサイクルの促進です．青梅市と日野市の調査では「有料化導入後にリサイクルへの取り組みを一層積極的に行っている」と回答したのはそれぞれ47％，56％です．約半数の人が，有料化をきっかけにリサイクルへの取り組みを積極的にしています．これら以外にも期待される効果として，物を大切に使う意識の向上，タダ乗り事業者の排除，ゴミ処理費用負担の公平性の確保，財政負担の軽減などが挙げられます．しかし，調査を進めると，有料化にもさまざまな課題や懸念があることがわかりました．

課題と原因，課題を解決するための対策について，まとめた図がこちらです．それぞれの課題に対してブレーンストーミングとKJ法を用いて対策を考えました．ここでは不法投棄を例に挙げます．不法投棄の予防，チェック，追跡という観点から10個の対策を講じました．ゴミの有料化は，ゴミの減量にあたり非常に有効な手段ではありますが，課題がまったくないわけではありません．そこで私たちは，有料化に加えて実施すべき施策を2つ提案します．

1つは戸別回収です．これにより不法投棄を防ぐことができます．現在多くの場所で行われているのが，ステーション方式と呼ばれる集団回収です．これは区画ごとに同じ場所にゴミを出し，まとめて回収してもらうというものです．戸別回収方式は家ごとにゴミを出すという方式です．家ごとにゴミを出すことで誰のゴミかが一目瞭然となり責任意識が向上するため，排出量や分別に意識を向けてもらうことができます．

もう1つはインセンティブ案です．リバウンドを防ぐとともに，市民が意欲的にゴミの排出量を抑制することにつながります．これは国や自治体がゴミの排出量の削減目標を設定し，市民がそれを達成した場合に何らかの形で報酬を与えるというものです．これにより市民同士の協力意識，市民のゴミの減量に対する協力の意識が向上されると考えています．

以上のように，私たちは，ゴミの有料化はゴミの排出量削減に有効な手段であり，有料化が抱える課題についても，戸別回収方式やインセンティブ案で補うことができると考えるため，ゴミの有料化に賛成します．

以上です．

司会：有難うございました．

(2) 否定側立論
a. スライド
否定側立論に使ったスライドを図9.3に示す．

b. 内容
司会：否定側の立論を始めます．では，よろしくお願いします．
Mチーム：否定側立論を始めたいと思います．

現在，全国的には家庭ゴミの有料化を，実施または推進している自治体が多くありますが，有料化の最大の目的であるゴミの減量は思うように進まず，また他の問題も指摘されていることから，

第9章　ディベートの実践

スライド1

ディベート
「ごみの有料化　是か非か」

否定側　立論
M-チーム

1

スライド2

家庭ごみ有料化の問題点

リバウンド

不法投棄

税の二重負担

費用負担の不平等

2

スライド3

リバウンド

（トン）
300,000
250,000
200,000
150,000
100,000
50,000
0

減量後、再び増加

山形県天童市
兵庫県洲本市
鳥取県倉吉市
兵庫県三田市
茨城県土浦市
北海道滝川市
千葉県野田市
神奈川県小田原市

有料化前年度　有料化開始年度　1年目　2年目　3年目　4年目

京都教育大学　石川　誠（2006）
『ごみ処理の有料化に関する調査報告』京都教育大学環境教育研究年報第14号,
pp6-9, 京都教育大学教育学部附属環境教育実践センター

3

スライド4

リバウンド

減量効果は一時的なものでしかなく、その後は増量

・支払い続けることにより「慣れ」が生じ、減量化へのインセンティブが働かなくなる。
・「手数料を負担しているから別にいいだろう」という免罪符となる。

4

スライド5

不法投棄

不法投棄収集量
（kg）
35,000
30,000
25,000
20,000
15,000
10,000
5,000
0

平成15年　平成16年

増加

ごみの有料化実施

4月　5月　6月　7月　8月　9月　10月　11月　12月　1月　2月　3月

八王子市環境政策課（2005),
『第2章 第1節 ごみの有料化（指定収集袋制度の導入とその成果）』
八王子市環境白書2005, p10 .八王子環境部

5

スライド6

税の二重負担

家庭ごみ処理

・「公共財」という性質を持ち、その費用は「原則として市町村の税金で賄って行う」ということになっている。
・地方自治法でも家庭ごみの処理は「市町村の自治事務」と位置付けられている。

6

スライド7

費用負担の不平等

所得の低い家計ほど費用負担の割合が増える

〈高所得の場合〉

所得　ごみ費用

〈低所得の場合〉

所得　ごみ費用

7

スライド8

対案

行政と市民の協業によるごみの減量化

成功事例：
横浜市一般廃棄物処理基本計画「横浜G30プラン」

「平成22年度における全市のごみ量を平成13年度に対して30%削減する」という目標に向けた減量・リサイクル行動のこと

G：ごみ、減量
30：ごみ削減目標の30%
G30：「ゴミゼロ」の意

8

図 9.3　ディベート・否定側立論・スライド

①普及・啓発のための組織づくり

➢ 市民向けに普及・啓発の体制を整え、活動委員会を作成

市長 → G30本部 → 区の本部会議（町内会長、学校関係者等から構成）→ 各地域の活動委員会（町内会単位）

➢ 市民への普及・啓発を推進する部隊を活用
（市や区の職員と市民の橋渡しを担う）
・環境推進委員
・G30サポーター（市民ボランティアとして啓発活動を行う）
・市民側から自発的に誕生した「応援隊」

②職員の意識改革

➢単なる「ごみの収集」業務
→「ごみを減らすための啓発」業務へ

啓発活動の継続により、使命感が湧く
↓
住民や子供たちにいかにわかりやすく、面白く、ごみ削減についてアピールできるように自発的に話し方等を勉強
↓
市民の反応が良くなる、ごみ排出量の減量を実感することにより、達成感と士気がさらに高まる

③競争原理と罰則の導入

区ごとにごみ削減目標を立て、18区を競争
→目標管理は区長の業務実績として報告され、職員の競争意識をさらに高める効果があった

市民の分別協力の不公平感を無くすため、条例を改正し罰則を導入
→市民に対して職員自らが繰り返し指導を行っても改善されない場合には、過料を徴収した

④市民と行政の協業関係の形成

市民グループと市・区職員の対等なパートナーシップ
→普及・啓発のためのイベントや仕組みを協同で計画、実行する

職員による指導の徹底⇔市民の自主的な取組
→・職員が平日の夜や週末に何度でも説明に出向く
・朝7時からごみ集積場に待機し、分別の指導をする
→・説明会の参加
・マイバックや簡易包装などごみ減量行動

結果

・平成17年度にはごみ減量30%を5年前倒しして達成
・2つの焼却工場廃止による1,100億円の経費削減
・63万トンの二酸化炭素削減という環境負荷低減の効果を生みだす

横浜市

職員と市民の意識が変わり、目標のために一丸となって取り組んだこと

環境省ホームページ
一般廃棄物処理実態調査（平成19年～平成27年）より作成

園児に対する参加型教育

園児とともに保護者にまで効果あり

親子参加型環境教育の実施

結論

・家庭ごみの有料化は「非」

・理由
―家庭ごみの有料化はデメリットが多い
・リバウンド　　・不法投棄
・税の二重負担　・費用負担の不平等
―対案
・行政と市民の協業によるごみの減量化
・親子参加型など環境教育の実施

図 9.3　ディベート・否定側立論・スライド（続き）

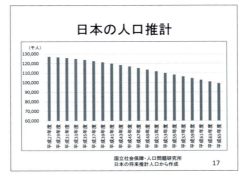

図 9.3　ディベート・否定側立論・スライド（続き）

　私たちは有料化反対の意見を提起します．
　有料化の問題点は，この4つが挙げられます．1つはリバウンドです．このグラフを見てわかる通り，開始直後は減少していますが，再び増加しています．支払うことへの慣れが生じ，インセンティブが働かなくなります．また手数料を負担しているから別にいいだろうと，ゴミを出すことに対する罪悪感などがなくなってしまう可能性もあります．2つめは不法投棄です．八王子市では，有料化実施後このように増加していることがわかります．3つめは税の二重負担です．家庭ゴミの処理は公共財という性質を持っているため，その費用は原則として市町村の税金で賄うことになっております．そして，地方自治法で家庭ゴミの処理は市町村の自治事務と位置付けられており，市町村が当然やらなければならない業務の一環であることが言えます．4つめは，費用負担の不平等です．所得に関わらず，最低限のゴミの排出量は1人当たりほぼ同じであると考えられます．ゴミの量が同じで負担金額も同様のとき，家計に占めるゴミの費用の割合は不平等となります．
　対案です．私たちは行政と市民の協業により，ゴミは有料化しなくても減量できることを提起します．横浜市の成功事例を挙げて，具体的に説明します．横浜市は平成22年度におけるゴミ量を平成13年度に対して30%削減する横浜G30プランを実施しました．その内容ですが，まず普及・啓発のための組織づくりを行い，行政と市民の橋渡しを担う部隊，たとえば環境推進委員や市民から自発的に名乗りを挙げた応援隊などを活用しました．次に職員の意識改革です．単なるゴミの収集業務から，ゴミを減らすための啓発業務に重きを置き，意識改革がされていきました．そして，競争原理と罰則の導入です．区ごとに削減目標を立て競わせたこと，市民のゴミの分別協力の不公平感をなくすため，条例を改正し罰則を導入したことです．最後に市民と行政の協業関係の形成です．普及啓発のためのイベントや仕組みを共同で計画実行し，職員による指導の徹底と，市民の自主的な取り組みにより，互いの意識改革が図られました．その結果，5年前倒しの平成17年度にゴミ減量30%を達成しました．そして，活動の継続により，このグラフのように現在も減少しております．成功の大きな要因はお金や物ではなく，職員と市民の意識が変わり，目標のために一丸となって取り組んだことだと言えます．これは，他の自治体でも十分に実現可能なことです．
　また，意識改革において未来を見据えたプログラムとして，松本市の事例を紹介します．松本市では，園児とその保護者を対象にゴミの分別と食べ残しをテーマに参加型教育を実施しました．参加後にはこのグラフのように，園児は約5割，保護者は4割強の意識行動の変化が見られました．さらに，園児と共に保護者が参加することでより大きな効果が得られます．このような親子参加型

環境教育を各自治体で取り入れることも，ゴミ減量化に関して有効だと考えられえます．

　結論です．私たちは家庭ゴミ有料化に反対です．理由として，有料化によるリバウンド，不法投棄，税の二重負担，費用負担の不平等のデメリットが挙げられることです．対案は行政と市民の協業によるゴミの減量化と，親子参加型など環境教育の実施を徹底することです．

　以上です．

司会：有難うございました．

（3）　否定側の反対尋問

司会：否定側から肯定側へ反対尋問を行います．ではよろしくお願いします．

否定側：リサイクル促進のスライド（p.8）のところで，有料化をきっかけにリサイクルへの意識が向上し，リサイクルが促進されたとおっしゃっていたんですけれど，有料化したからリサイクルの意識が向上したのではなく，有料化しなくても常にごみの分別や減量，リサイクルの意識を持つべきではないかと疑問を持ちました．

肯定側：それは有料化をきっかけにするのではなく，そもそも住民がそういうリサイクルに対する意識を持てばいいのでは，ということを言いたいのですか．

　それは確かに理想ではあるのですが，実際には有料化したことによって，リサイクルに対する意識が高まったというデータも出ているので，キッカケを与えるという意味で有料化が十分に効果を発揮できているのではないかと考えています．

否定側：つぎに，個別回収（p.12）のことですが，全住宅を回って回収するとおっしゃっていましたが，アパートとかマンションでも一軒一軒部屋を回るということでしょうか．すごく時間もお金もかかるような気がするのですが，その辺はどうでしょうか．

肯定側：マンションなどでは，ゴミステーションのようなところがあると思います．そこにゴミを出すときに個人がどのくらい出したかわかるようにできると考えています．実際には，マンションの管理者の協力が必要になるのですが，そういった人たちに対する報酬を，有料化で得られた収入から払えるので実現可能と考えています．

否定側：ありがとうございます．最後のインセンティブ案（p.13）について，これによって協力意識をもってもらうことができるとおっしゃっていましたが，それは有料化しなくても，働きかけのようなもので協力意識を持ってもらえると思っているんですけども，そのあたりはいかがですか．

肯定側：私たちはインセンティブのために報酬を出すというアイディア創出をしました．そしてその報酬は有料化によって支払われたお金から出すので循環ができるという案です．有料化しないで支払うのでは，財政の負担となるので難しいと考えたので，このような仕組みを提案しました．

否定側：家庭ごみの収集費用は税金として払っていると考えるので，それプラス有料化して協力意識は得られるでしょうか．

肯定側：税の二重負担のところ（p.10）のことでよろしいですか？

否定側：そうです．

肯定側：税の二重負担は現段階のスライドもお見せした通りにそこにあるのですが，今の税の負担額ではごみの処理場の延命化の足りない分を有料化で賄うというのが目的なので，今の段階では足りないのでそこからまた新しく報酬を出すというのは難しい現状です．

税の二重負担に関しては条例の改正などが行われている例もあるので，市や区なり，そういう自治体から市民に働きかけをしていけば二重負担の形にならないし，法的にも問題ないと思います．

否定側：ありがとうございます．立論ではおっしゃってなかったと思うのですが，ごみの有料化の目的として公平性の確保が挙げられています．排出量に応じて手数料を徴収する有料化を導入することにより費用負担の公平性が確保できると思います．それはごみの容量に対して一袋あたりいくらという風に一見公平のように思えるのですが，私たちが立論（p.7）で述べたように，所得に応じた割合でいえば不平等と思います．費用負担の公平性の確保が目的とおっしゃっていますが，所得に応じた割合で言うと不公平と言えるのではないですか．

肯定側：現在でも重量制というのがあります．その中に二段階重量制と超過重量制というのがあります．二段階重量制は，最初の一袋分の値段は低めに設定し，ある一定量を超えると金額が上がるというシステムです．一方超過重量制は，最初に配るゴミ袋が無料で，ゴミ袋が足りなくなったら金額がもっと高額になるというシステムです．このような方法により，ゴミを多く出す家庭とそうではない家庭との公平性を保つ仕組みも用意されてるので，それぞれに適した方法を導入すれば解決できると思います．

否定側：ありがとうございます．ちょっと話がそれてしまうかもしれませんが，これから人口が減少して50年後には人口が半分になるというデータがあります．人口が減ればゴミも減ると思うのですが，それでも有料化する必要はありますか．その点を教えていただけるとありがたいです．

肯定側：この先人口減少が進んでいったとしても，最終処分場の寿命が短いという現実は変わらないので，有料化などによって少しでも延命させ，またその処分場を使わなくても済むような策をとっていく必要があると考えています．あと，ゴミの減量は循環型社会の実現の大きな目標として，この先もずっと変わらないと思うので，そのためにも必要な仕組みと私たちは考えます．

否定側：その点で言いますと，人口が減ることによって最終処分場の問題として挙げられていたのですが，ちょっと失礼な言い方になりますが，人口が少なくなったところ，地方に最終処分場を作るという考え方はないでしょうか．将来の技術で灰を有効活用する案も考えられるのですが，有料化が一番いいという事情を教えていただけるとありがたいです．

肯定側：ゴミを減らす必要があるというのは肯定否定ともに共通の目的と思うのですが，なかなか処分場を新たに作るというのは住民の反対や反発があって，簡単に作れるものではないので，有料化によってゴミを減らすことが有効だと思っています．

司会：ありがとうございました．これで否定側からの反対尋問を終わります．

（4） 肯定側の反対尋問

司会：肯定側から否定側へ反対尋問を行います．ではよろしくお願いします．

肯定側：はじめに，横浜市で行われている行政と住民との協業によるごみの減量化（p.8）が市民の意識改革によって実現されたということですが，他のところで実施されている証拠が示されていないので，私たちは有効な方法ではないと考えるのですがどうですか．

否定側：有料化せずにゴミの減量化に取り組んでいるのは横浜市だけと思います．その点については，行政が市民と協力する努力をしていないのではないかと考えています．現在有料化を実施している地区町村は全国で，5,60％を超えていると思います．その中には，他の市が取り組んでいるから，私たちの市も取り組んでみようかと乗っかっているところもあると思います．目的が何なのか

わからないまま，取り組んでいるところとかもあると思うのです．つまり，行政の努力が足りないので横浜市のような成功事例を取り入れていないと考えます．行政が市民に呼びかけ，市民が意識改革をすれば他の市区町村でも実現可能と考えます．

肯定側：意識改革をすれば横浜市で行われているようなプランが他でも実施できるということだったのですが，スライドで示されたのは，横浜市のプランを実施することで意識が変わったというお話だったと思います．先に意識を変えないと横浜市のようなプランが実現できないということでしたら，意識を変えるための何か提案はありますか．

否定側：少し言い方を間違えてしまいました．言いたいことは，横浜市はゴミを削減するという目標に向けて減量リサイクル行動をしようという目標を立て（p.8），対策として意識改革を実施した（p.10）ということです．ちょっと伝え方の違いで意識改革が先と言ってしまったのですが，そういう体制を整えた上でその中の取り組みとして，意識改革をしよう，そのためにはどうするかというように考えていった事例です．

肯定側：ありがとうございます．私たちが小学生の頃は，まだ有料化していませんでした．しかし，その頃にもゴミを減らそうという活動はなされていたのですが，それでも減らなかったため，有料化が導入されたと思います．その点に関しては目標への意識というのは，横浜市だけの成功例ではないかと思ったのですが，他でもできるという根拠はありますか．

否定側：横浜市では実際にこの活動をしたことによってごみが減量した結果が出ているので，他の市でやらないのは，活動する職員の余裕時間の問題などがあると思います．有料化をぱっとして，ゴミを減らせるならそれをやろうかという風に簡単に決めてしまっている部分があるのかなという風に感じていて，その点でもっと横浜市のように自分たちと市民が関わってみんなでやっていこうという意識がそれぞれの件で持てるようになれば，他の市でも成功できるのではないかと思います．

それと，横浜市は，単にゴミを収集するという業務からゴミを減らすための啓発業務に変えて（p.10），住民や子どもたちにゴミの減量に関する出前授業などを行っています．横浜市が実施した活動には，市民や学校からの依頼に基づいて職員が平日の夜や週末に説明会に出向いたり，朝7時からゴミ集積所に待機して分別の指導をしたこと（p.12）などがあります．横浜市は細かいところまで指導を徹底して行いました．

肯定側：ありがとうございます．次の質問に移ります．負担の不平等というのがありました（p.7）．税金で徴収されるお金は同じ金額なのに，ゴミを多く出す人と少ない人が同じ金額を払っているというのが不平等な気がするのですが，そこはどう思いますか．

否定側：その点に関しますと，税に関して所得が高い人が多く税を払い，少ない人が税を少なく払うというのが現在日本で取り入れられていると思うんですけれども，そういった観点で不平等という風に私たちは捉えております．

肯定側：ゴミを出す量に関しての不平等ということではなく，所得においての不平等ということでよろしいでしょうか．ありがとうございます．

つぎに，反対尋問のときの話になるのですが，人口の減少で払う人の数は減りますね．それでもゴミ処理場を新しく田舎に作るとお金がかかって負担額が大きくなるのではないかと思うのですが，どう思いますか．

否定側：人口が減るとゴミの量も減ると思います．そのため廃村に新しい最終処分場を作るとして

156 第9章 ディベートの実践

も，私たちは費用面に関してはゴミが減っていくので今と大して変わらないと考えます．

肯定側：ゴミが減っていくのに，田舎にさらにゴミ処理場を建設する必要はあるのでしょうか．

否定側：必要な場合は作ればよいという話です．このまま人口が減ってゴミが増えなければ作る必要がないと私たちは考えます．

肯定側：私たちはこれ以上の建設が難しいのでゴミを減らさなければならないという意見なのですが，そちらのチームの考えとしては増えた場合は建設すればよいという考えでよろしいでしょうか．

否定側：これ以上最終処分場が増やせないから，ゴミを減らすという風になっていると思うのですが，人口が減って現在すでに廃村になっていれば，そういった場所にも最終処分場が作れる可能性はあると思っていています．

司会：ありがとうございました．これで反対尋問を終わります．では，これから作戦タイムに入ります．

(5) 否定側の最終弁論

司会：否定側の最終弁論を行います．では，よろしくお願いします．

否定側：否定側の最終弁論を行います．

　私たちは環境保全，資源の有効活用などの理由でゴミを削減しなければなりません．それには，一人ひとりがなぜゴミを減らさなければならないのか，どのような方法で減らすことができるのかを考え，理解することが必要だと考えます．理解なくしては行動できないと考えるからです．そのように考えると，ゴミの有料化を論じる以前に，まず人々のゴミの減量に対する意識を高め，協力を得るために指導や教育が必要不可欠だと考えます．行政がゴミに関するルールの周知を徹底し，人々が意思を持って行動すればゴミが減ってくると考えます．横浜市の事例にあるとおり，協力意識があれば有料化をしなくともいけるのではないかという考えのもとで，行政市民ともにその努力なくして有料化を実施すれば，先に述べたとおり，リバウンドやゴミの不法投棄を生み，またお金さえ出せばいくらでもゴミを出していいという免罪符を与えることになり，本当の意味でのゴミの削減に繋がらないと私たちは考えます．

　人が普通に生活していく中でゴミは必ず出るものです．生きていくうえで最低限排出したゴミにまで税金をかけてよろしいのでしょうか．自分の意志で少なくすることができるが，決してゼロにすることはできないゴミを有料化することは人道的にも法的にも納得できるものではないと思います．金銭的には税の二重負担，費用負担の不平等の問題も発生しており，ゴミは有料化せず減量するという道が正しいと考えます．

　以上のことから，行政と市民の意識改革を進め，協業可能な横浜市の事例をもってすればゴミは有料化しなくとも十分削減できると結論付けられます．よって私たちはゴミの有料化に反対します．

司会：有難うございました．

(6) 肯定側の最終弁論

司会：肯定側の最終弁論を行います．では，よろしくお願いします．

肯定側：肯定側の最終弁論を行います．

有料化のメリットをまとめると，ゴミの廃棄量が減少すること，リサイクルが促進されること，また期待される効果として物を大切にする意識の向上，タダ乗り事業者の排除，財政負担の軽減などが挙げられます．ですが，指摘にもありましたとおり，有料化の実施だけでは不法投棄や不公平感の問題を引き起こすという懸念があると思います．ですが，先ほどお話ししたような罰則の強化や排出レベルによってインセンティブを設けるなどの工夫で，抜け道や穴を塞いでいき，市民の意欲に繋がる対策を合わせて実施すれば大幅に改善されると思います．また，2段階従量制や超過従量制などのように支払い料金の逆進性や，リバウンドの抑止効果に繋がる方法もあるので，排出量の状況に適した方法で導入を進めるとよいと考えられます．

また，実施を定着させるためには，市民の理解度を向上するための工夫が大切であるため，ゴミ処理場の残余量や残余年数を公開し，税の徴収だけでは補えない状況であることや，徴収したお金の使い道を丁寧に説明すること，加えて市町村ごとの年間ゴミ排出量や削減率の推移を公開し世帯ごとの基準量，ゴミの削減方法などを積極的に発信するなどして情報の透明化を図れば不満の軽減に繋がると考えられます．

また，埋立地の建設を新たにするというのは維持費や建設費の費用面と環境面から難しいと考え，ゴミ減量の問題課題は将来に渡って変わらないものだと思われるので，有料化という取り組みによって大きな目標である循環型社会の実現はできるので，私たちはゴミの有料化に賛成します．

司会：ありがとうございました．これで最終弁論を終わります．

以上

第10章
情報リテラシの実践

　情報社会の進展において，パーソナルデータを主な情報源とするビッグデータの利活用が進み，生活を便利にしている．その一方でリスクが顕在化したといわれる．第9章では，初めに情報社会のリスクを理解し，パーソナルデータの取り扱いとプライバシの問題を考える．そしてそれらに深くかかわる番号法（マイナンバー法）について，その狙いや効果などについて理解する．さらにメディアリテラシについて，主要なメディアの特質を考え，批判的に読み解くことの重要性を理解する．最後にエネルギー問題を対象に，本書で学んだ情報リテラシの手法全体を反芻し，豊かな情報社会を構築継承するために，市民一人ひとりが，自ら思考し判断して情報を表現していくことが大切であることを再確認する．

10.1　情報社会のリスク

　リスクとは一般に危険のことである．専門的には，危害の発生確率とその危害の程度の組合せで表される．そして，危害とは，人の受ける身体的傷害や健康傷害，または財産や環境の受ける害である．つまり，危害はある確率で発生するという前提で，危害が現実になったときに，それに伴う危害を受容できる程度に低減させるという考え方である．一方，安全とは，受容できないリスクがないことと考える．言い換えると，安全な状態であっても，受容できる程度のリスクは存在しているということである．

　情報社会の主なリスクは，パーソナルデータの収集と統合によって蓄積される個人に関するデータが漏洩または拡散することによってもたらされる．10.1節ではこのことを取りあげよう．

（1）　情報社会の進展とリスク

　情報社会の進展によって，新たなサービスが創出・提供されて，生活を便利にしている．たとえば，ネットなどで商品を注文するときに，より魅力的な新商品を勧められたり，同時に買うと便利な関連商品を勧められたりした経験があると思われる．このことは，販売の情報システムが，買い物の履歴やメディアを通じて発信されている情報を集めて購買性向を察知しているためにもたらされている．消費者はこうしたことで思いがけない商品やサービスなどを知るという便利さを享受できる．このような便宜を提供するために，企業などはさまざまな手立てを使って個人に関するデータ（パーソナルデータ）を集めている．集められた情報は，ネットは忘れないの特性によってほぼ永久にどこかに蓄積されるために，リスク要因となる．

(2) パーソナルデータの収集と統合

パーソナルデータとは，個人に関わるデータのすべてを指す．これには，個人情報，要配慮情報，匿名加工情報などが含まれる．

ここでの個人情報は，個人情報保護法で定義されているもので，詳しくは 10.2.1 項の「日本の個人情報保護」の箇所で示す．

要配慮情報（機微情報とも言われる）には，思想，信条，宗教，人種，民族，身体や精神の障がい，犯罪歴，その他社会的差別の原因となる事項が含まれる．匿名加工情報は，個人が特定できないようにデータを加工処理した個人に関する情報である．このように，パーソナルデータと個人情報は似たような名前であるものの，異なるものである．

情報社会の進展に伴って，個人はこうしたパーソナルデータを無意識ないし意識して，四六時中発信している．それには，ソーシャルメディアデータ（SNS 等），カスタマデータ（会員カードデータ等），オペレーションデータ（POS データ等），センサデータ（乗車履歴等），ウェブサイトデータ（ブログ等），オフィスデータ（オフィス文書やメール等），マルチメディアデータ，ログデータなどがある．そして，これらから発信されるデータが，ビッグデータビジネスの対象となる．このことをもう少し詳しく調べてみよう．

個人は，スマホやデジタル機器（携帯電話や各種センサなど）を 24 時間携帯して，いろいろな場面で使っている．スマホには GPS が標準装備されていて，所持している人の位置が特定できる．その情報を利用して，出会いや行き先，店の案内など便利なサービスが提供されている．スマホを使う過程で，無意識のうちに大量のデータをネット上に発信している．一方，ソーシャルネットワーキングサービス（SNS）は，友人や知人の間で情報をやりとりする仕組みであるため，個人情報を気軽に発信しやすい．しかし，交信内容が漏洩すると，個人の情報とともに，友人知人の関係が明らかになる．

また，公的な機関でも個人の情報が集められている．医院や病院では，カルテやアンケートの形で，診療記録や家族関係などの情報を保有している．DNA は究極の個人情報とも言われている．図書館では，閲覧記録など関連の情報が保管されている．また，国は，行政の効率化や国民の便益および税の公平・公正な徴収などの目的で，個人の資産や所得などの情報を収集・統合している（このことは 10.2.2 項で「番号法」として取り上げる）．

このように個人が情報化の便益を享受する一方で，企業などはパーソナルデータを集め統合している．個人の情報は，企業や公共団体などが，それぞれの機関で，それぞれの目的とするデータだけを集め，その目的だけに利用していれば問題は生じない．ところがこうしたデータが個人ごとに統合され蓄積されると，経済活動，教育活動，趣味，交友，思想，宗教などに関することがらが明らかになる．これらのデータの多くは，プライバシに関わるもので，他人に知られたくないことがらを含む．つまり，パーソナルデータの活用とプライバシは密接に関連する．情報リテラシとして，疎かにできない重要問題であるので，しっかり学びたい．

10.2 個人情報とプライバシ

　広辞苑第6版に，プライバシは「他人の干渉を許さない，各個人の私生活上の自由」とある．この自由への侵害が「プライバシの侵害」である．プライバシの保護は，一人ひとりの人間が快適に生活していく上で重要なことがらである．

　プライバシの権利は，個人や家庭内の私事・私生活などの個人の秘密が，本人の意に反して取得・保管・利用・公開されない権利のことである．また，プライバシの権利は，「個人が自らの情報をコントロールする権利」と解釈されている．10.2節では，個人情報とプライバシおよび両者に深く関わる番号法（マイナンバー法）について学ぶ．

10.2.1　個人情報とプライバシの保護

(1)　プライバシ保護への世界の動き

　欧米におけるプライバシ保護の歴史は，1890年にS. D. ウォーレンとL. D. ブランダイスが著した論文のそっとしておいてもらう権利（Right to be let alone）[1]に始まると言われている．これは，プライバシが公になることへの懸念であり，古典的プライバシ権と言われている．

　一方，コンピュータの導入が急速に進展した1970年代後半から，市民の間に「知らないうちに個人の情報が収集・統合される」ことへの懸念が高まった．これは，現代型プライバシ侵害＝情報収集型侵害と言われている．西欧諸国では，このことへの対応を，自己の情報をコントロールする権利と捉えて対応を強めている．これに対して，米国はITを活用した新しいビジネスの展開を重要視して，基本的に個人情報の自由な利用を認める立場を取っている．こうした考え方の相違に基づく西欧諸国と米国の対立が続いたため，経済協力開発機構（OECD）が，プライバシの尊重とオンライン上の個人データ保護のための施策の一環としてOECD8原則を制定し，1980年9月に発効した．これは，個人データの収集と管理に関する一般的指針についての国際的な合意であり，2015年現在に至るまで，プライバシ保護の基本理念となっている．

　なお，西欧諸国と米国の対立は2015年現在も続いている．

(2)　日本の個人情報保護

　日本の個人情報保護は，OECDガイドラインに沿って2003年5月に個人情報保護法が成立，2005年4月より施行された．OECDに遅れること25年，この分野での日本の後進性がうかがわれる．

　個人情報保護法の目的は，個人情報が日常的にコンピュータで処理され，インターネットで流通する社会が到来しているという認識の下に，民間事業者の不適切な取り扱いによって個人の権利利益が侵害されるリスクを未然に防ぐために「適切な取り扱い」に関する一般的なルールを法的に定めることである．その基本理念に，「個人情報は，個人の人格尊重の理念の下に慎重に取り扱われるべきものであり，その適正な取り扱いが図られなければならない」とうたっている．そして，

個人情報取扱事業者の義務	OECD8 原則
利用目的をできる限り特定しなければならない 利用目的の達成に必要な範囲を超えて取り扱ってはならない 本人の同意を得ずに第三者に提供してはならない	目的特定の原則 利用制限の原則
偽りその他不正の手段により取得してはならない	収集制限の原則
正確かつ最新の内容に保つよう努めなければならない	データ内容の原則
安全管理のために必要な措置を講じなければならない 従業者・委託先に対する必要な監督を行わなければならない	安全保護の原則
習得したときは，利用目的を通知又は公表しなければならない 利用目的等を本人の知り得る状態に置かなければならない 本人の求めに応じて保有個人データを開示しなければならない 本人の求めに応じて訂正等を行わなければならない 本人の求めに応じて利用停止等を行わなければならない	公開の原則 個人参加の原則
苦情の適切かつ迅速な処理に努めなければならない	責任の原則

図 10.1 個人情報取扱事業者の義務と OECD8 原則の対応

個人情報を次のように定義している.

> 生存する個人に関する情報であって，当該情報に含まれる氏名，生年月日その他の記述等により特定の個人を識別することができるものである．また，他の情報と容易に照合することができ，それにより特定の個人を識別することができることになるものを含む．

具体的には，氏名，性別，住所，生年月日などである．これだけの項目が一致する他人はいないので，個人を特定する項目とされている.

そのうえで，個人情報を取り扱う事業者の具体的な義務を，OECD8 原則に対応して図 10.1 のとおり定めている.

対象となる事業者は，個人情報を 6ヶ月以上保管する個人情報データベース等を事業の用に供しているものである．「事業の用に供する」とは，一定の目的を持って反復継続して実施される同種の行為の全体を指し，営利・非営利の別を問わない．また，個人情報取扱業者が，義務規定に違反した場合は，6ヶ月以下の懲役または 30 万円以下の罰金に処せられる等の罰則を定めている．なお，対象となる事業者は，5000 件以上の個人情報を 6ヶ月以上保管する業者に限定していたが，2015 年の改訂によって，件数に係わらないと改められた.

企業が個人に関する情報を収集するときは，ここに示した個人情報保護法に基づいて実施している．つまり，利用者にこの法律に基づいた利用規約を示して，同意を得た上で，情報を収集し，規約の範囲で利用しているのである．一方，情報を提供した個人は，図 10.1 に示した公開の原則に基づき，「保有されている個人データの内容の開示」，「その訂正」や「利用停止」などを求めることができる．こうした権利があることも情報リテラシとして認識しておきたい.

(3) 個人情報保護とプライバシ保護

個人情報保護法で保護の対象としているのは，前項(2)で述べた意味での個人情報である．

10.2　個人情報とプライバシ　　163

　これに対してプライバシ保護は，憲法13条で謳われている「基本的な幸福追求権としての自己像の制御・人間の尊厳保護，そのための自己情報コントロール権の確保」である．つまり，自分で自分の情報をコントロールすることによって，自らの尊厳を確保し，幸福な生活を送る権利を保持することである．

　また，プライバシ情報については，明確な定義は難しいとされている．過去の判例で，「他にみだりに知られたくない情報」とされているものの，内容ははっきりしない．同じ情報でも，どんな文脈で使われるかによって判断が異なるし，公人か私人かでも情報の扱いは異なる．つまり，公人の場合のプライバシ情報は，私人より範囲が狭くなる．このようにプライバシ情報を明確に定義することは難しいものの，プライバシ保護は憲法13条で謳われている幸福追求権の中に含まれる重要な国民の権利である．他人のプライバシを侵害しないように，個人に関する情報の取扱いに十分配慮したい．個人情報をいい加減に扱ったため，相手に損害を与えた場合は，損害を賠償する責任を負うことになる．

10.2.2　番号法（マイナンバー法）

　番号法は2013年5月に制定された「行政手続における特定の個人を識別するための番号の利用等に関する法律」の略称であって，マイナンバー法という通称でも知られている．番号法は，10.2.1(2)項で述べた個人情報保護法の特別法として位置づけられている．

　この法律の施行のために，巨額の国家予算を投じて関連する情報システムが構築されている．2015年10月に個人番号（通称：マイナンバー）が全国民に付番・配布された．その後，順次システムが構築・運営されつつある．個人の情報活動をはじめとして，社会や産業に大きな影響をもたらすので，前項プライバシや個人情報保護と関連して学ぶとともに，これからもその動きに注目しよう．なお，番号法は番号利用法という略称でも呼ばれることがある．

(1)　個人番号（マイナンバー）とは

　個人番号は，日本に住民票をもっているすべての人（外国人を含む）に付与される12桁の番号である．漏洩した場合など特別の例外を除き終生不変とされている．

　個人番号は，社会保障，税，災害対策の3分野で，情報を効率的に管理し，複数の機関にある個人の情報が同一人の情報であることを確認するために利用される．つまり，個人情報統合のための（名寄せのための）キーとなる．番号法の施行に伴って導入される個人番号カードは，それまでの住民基本台帳カードの代わりとなる．

(2)　個人番号（マイナンバー）の目的

　個人番号は，公平かつ公正な社会を実現し，国民の利便性を高め，行政を効率化するための社会基盤であり，つぎのような効果が謳われている．

① 公平・公正な社会の実現

　個人番号を利用することで，所得や他の行政サービスの受給状況を把握しやすくなるので，税負担を不当に免れることや給付を不正に受けることを防止する．他方で，本当に困っている人に，きめ細かな支援が行えるようにする．

② 国民の利便性の向上

行政手続を簡素化し，手続きに関する国民の負担を軽減する．また，行政機関が持っている各自の情報を確認し，行政機関からのその他サービスを受けることを可能にする．

③ 行政の効率化

行政機関や地方公共団体などにおいて，さまざまな情報の照合，転記，入力などに要している時間や労力を軽減する．また，複数の業務の間での連携を進め，作業の重複などの無駄な作業を削減する．

(3) これまでの経過

① 2015 年 10 月通知カードの配布が開始された．これは，個人番号を知らせる紙のカードである．

② 2016 年 1 月から希望者に個人番号カードの交付が開始された．これは IC カードであって，持ち主の個人番号（マイナンバー）とともに，氏名，住所，生年月日，性別，顔写真などが表示されている．日本国内では，身分証明書となる．

③ 2016 年 1 月から個人番号の利用が開始された．この時点では，個人番号で統合された（紐づけされる）のは，税と社会保障に関するものだけである．民間での利用や税と社会保障以外のデータとの統合は禁止されていた．

④ 2018 年 8 月から情報提供等記録開示システム（通称：マイポータル）が情報連携を含めて稼働を始めている．このシステムは，個人番号を含む個人に関する情報を，いつ，誰が，なぜ提供したのか確認できる機能を持っている．

(4) 番号法に対する期待と懸念

マイナンバー法に対する期待の第一は，「公平・公正な社会の実現」である．中でも，社会保障と税に関する不公平感が緩和されるのではと考えられている．社会保障の面では，不正な受給がなくなるとともに，本当に困っている人にきめ細かな支援ができることが期待される．税の面では，給与所得者の課税所得がほぼ 100% 捕捉されているのに対し，自営業者の捕捉率が約 5 割，農林水産業者が約 3 割，そして政治家が約 1 割と言われている．数字には誤差があると思われるが，不公平感は否めない．マイナンバー法の実施によって，給与だけでなく，講演料，不動産や証券などの投資による利益などの収入やそれに伴う支出が厳密に捕捉され，それに基づいて課税されるので，公平・公正な税の徴収が実現できる可能性がある．将来的には，国民が税務当局に提出する確定申告書や医療費控除などの書類の簡素化なども実現できるかもしれない．

一方，番号法は検討段階から，弁護士会や情報システムの専門家，市民団体などから懸念の声が上がっていて，システム構築が始まった 2016 年時点では次のように指摘されていた．

① 個人番号を用いた個人情報の追跡・名寄せ・突合が行われ，集積・集約された個人情報が外部に漏えいするのではないか．

② 個人番号の不正利用（例：他人の個人番号を用いた成りすまし）等により財産その他の被害を負うのではないか．

③ 国家により個人のさまざまな情報が個人番号をキーに名寄せ・突合されて一元管理されるのではないか．

④ システムの実現と運営に要する費用と効果が問題視されている．すなわち，関連システム実現のための費用は数千億円と見込まれている（開発が長期にわたるので，数兆円という試算もある）．運用に入ると国や地方での運営費もかかる．それに相当する行政の効率化（人員削減）や税の公平・公正な徴収（増収等），国民の便益が得られるのかどうかが問題視されている．

また，2018年11月の内閣府世論調査では，この制度の要である個人番号カードについて，53%の人が取得予定はないと答えており，その理由の多くが，必要性がない，個人情報の漏えいが心配と答えており根強い不信感がある．実際に個人カードの取得者が年々減少していることを考えると先行きは楽観できない．

10.3　メディアリテラシ

メディア（media：媒体）という言葉は，二つの意味で使われる．一つは情報の記録・保管・伝達のための物や装置のことで，紙，音声，電話，メモリ，RFID，CD，DVD，などを指す．もう一つは，コミュニケーションの手段としてのメディアである．これには，新聞・雑誌，テレビ・ラジオなど，一つから不特定多数へ情報を発信するマスメディア，複数の送り手・送り手の間で情報が行き交う「ネットワークメディア」，それに「パーソナルメディア」などがある．メディアリテラシとは，こうしたメディアが構成する現実を批判的（クリティカル）に読み取りかつ表現する能力ことである．

（1）マスメディア

マスメディアは一つの送り手から不特定多数の受け手に情報を送るメディアである．マスメディアが日常的に情報を獲得する重要なメディアであることは言うまでもない．

マスメディアは，不偏不党・公正中立であると考える向きもあるが，必ずしもそうとは言えないのが実情である．放送法では，つぎのように謳われている．

放送を公共の福祉に適合するように規律し，その健全な発達を図ることにある（第1条）．
また，番組編集についての通則として，何人からも干渉・規律されない（第3条）とし，
義務として，公安・善良な風俗を害しない，政治的公平，報道は事実をまげない，
意見が対立している問題はできるだけ多くの角度から論点を明らかにすること（第4条）．

当然のことながら，マスメディアも誰かが何かの目的で構成して発信している．それに民間放送は営利企業であり，ステークホルダ（利害関係者）の利益に叶う宿命にある．つまり，メディアを支えているのは，広告主である産業界であり読者や視聴者である．一方，政治もマスメディアに干渉する．また，企業や政治などが大衆操作の手段として利用することもある．このようなことは，日本だけでなく外国でも見られるので，メディアの特質と考えてよいだろう．日頃，マスメディアから多くの情報を得ているので，こうしたメディアの特質を知ることは，情報リテラシにとって大変重要なことである．

メディア（送り手）	オーディエンス（受け手）
すべて構成されている	メディアを解釈し，意味を作り出す
現実を構成する	
商業的意味を持つ	クリティカルにメディアを読むことは，創造性を高め，多様な形態でコミュニケーションをつくりだすことへとつながる
ものの考え方や価値観を伝えている	
社会的・政治的意味を持つ	
独自の様式，芸術性，技法，きまり／約束事を持つ	

図 10.2 メディアの送り手と受け手の特質

マスメディアの本質を知るためには，カナダ・オンタリオ州教育省が呈示した「メディア教育の制度化——オンタリオ州の経験」が参考になる．鈴木みどりによって日本なりの解釈を含めて，8項目にまとめられた[4]．筆者はこれらの項目を送り手と受け手に分けて図 10.2 に整理した．

ここに，オーディエンスは聴衆ひいては大衆のこと，クリティカルは批判的にという意味である．

送り手の特質を示す6項目について，テレビ番組を視聴しているときを考えてみると，メディアの特質への理解が深まると思われる．たとえば，「ワイドショー」を考えてみよう．放送局の構成したシナリオのもとにアナウンサやコメンテータたちが話をする．出演者は評論家，弁護士，学者，企業関係者や政府関係者で，いずれも放送局が選んだ人たちである．反対意見が出ることもあるが議論が白熱することはなく，話はスムースに進行する．時には街頭で意見を聞くが，ほとんどは東京都内で収録されており，放送局で選択されたものである．この「ワイドショー」を，図 10.2 で示した送り手の6箇条と対応させて考えると，①メディアが何かの目的で作ったものである．②メディアが現実を構成したものであって，現実そのものではない，③地域や商品が紹介されることもあるので商業的な意味を持っている，④メディアのイデオロギーや価値観を伝えている，⑤社会的ないし政治的意味を持っている，などが実感できると思われる．

一方，外国メディアからの情報も日本の放送局で取捨選択して発信されているので，それぞれの放送局の方針があり，公正・中立とは言いがたい．

このように，マスメディアの情報の多様性には限界があり，必ずしも公正・中立とは言えない．よって，マスメディアからの情報を鵜呑みにするのではなく，批判的に考える（クリティカルシンキング）とともに，複数の情報を集めて，正しいと思われる情報に到達するように心がけることが大切である．オーディエンスはメディアを解釈し意味を作り出さなければならないのである．そのために情報リテラシが役に立つ．

(2) ネットワークメディア

前項マスメディアが，一つの送り手から多数の受け手に情報を送るメディアであるのに対して，ネットワークメディアは，複数の送り手・受け手から複数の送り手・受け手へ情報が行き交うメディアである．ともに送り手であり受け手であるところが，ネットワークと言われるゆえんである．SNS（ソーシャルネットワーキングサービス），動画共有サイト（ニコニコ動画，YouTube など），ブログを含めネットワークメディアとされている．

（3） パーソナルメディア

パーソナルメディアは，カメラ，家庭用ビデオカメラ，スマホなどを指し，使う人が情報を記録，編集し，知り合い同士で情報をやりとりするメディアである．大量の情報を不特定多数に発信するマスメディアの対極に位置するメディアである．

10.4 豊かな情報社会実現のために

本書では，環境問題の中で身近なごみ問題を題材にして，解決策を考えレポートやプレゼンテーションとして表現する過程を学んだ．物語は，『ゴミは出るもの』という前で，減らすために3つのR（Reduce，Reuse，Recycle）を考え有料化を進めるというものであった．ところが，そもそも『ゴミは出るもの』という前提がおかしいのではないか，もっと根源的な問題に立ち向かう必要があるのではないかということで，ゼロ・ウェイストの活動を採り上げる．一方，環境問題をもたらす主要な原因であるエネルギー問題を取り上げて，解決策を考える過程の全体を反芻する．そのうえで，豊かな情報社会を実現するためにわれわれが何をなすべきか考えよう．

10.4.1 重要課題・解決策の模索

（1） 徳島県上勝町におけるゼロ・ウェイストの取り組み

上勝町は人口1700程度（2019年）の徳島県中部に位置する山岳地帯の町である．2003年9月，ゼロ・ウェイスト宣言（ゴミゼロ運動）し，『ごみをどう処理するか』ではなく，ごみ自体を出さない社会を目指している．これまでの社会が，資源の無駄遣い，有害物質による健康被害と水質汚染など環境への悪影響をもたらしたという反省から，社会の仕組み自体を変えようとしている．目標は，すべてのものが無駄にされず，地球や自然から得たものがきちんと過不足なく循環する持続可能な社会の実現である．目指す姿は次の通り．

a．店には，生産段階から永く使える，有害物質を出さずリサイクルできる設計で作られたものが並ぶ．

b．デポジット制度が進み，製品の回収が当たり前．生産者にも消費者にもメリットがあるのでポイ捨てもなくなる．

c．焼却炉と最終処分（埋め立て）場の必要がなくなり，段階的に閉鎖されることにより，ごみ処理の住民負担が減る．

d．リサイクルや資源回収の仕組みが当たり前になり効率化されるため，自治体ごとに回収方法が異なるストレスや，住民による分別や回収の負担も減る．

こうした社会を実現するために，消費者，生産者および行政の三位一体の取り組みが必須と説いている．すなわち，

a．消費者には，ゴミの出ない工夫された商品や有害物質を含まない商品を買う，工夫してほしい商品は生産者に伝える，変わった方が良い制度は行政に働きかける．

b．生産者には，再利用，リサイクルできる製品設計を行う，リサイクル費用を価格に組み込

み，自ら資源を回収する．

c．行政には，ごみの出ない社会を目指し，法・制度をつくる，『燃やさない・埋め立てない』ごみ処理を推奨する，ゼロ・ウェイスト宣言をする．

このような取り組みが全国に広まり，熊本県水俣市，福岡県大木町や奈良県斑鳩町がゼロ・ウェイスト宣言を行っており，神奈川県逗子市でも採用を検討している．

(2)　**本書での解決法によるエネルギー問題の考察**

エネルギー問題について，本書で学んだ問題解決の手順：

情報収集と整理→問題発見と情報分析→解決案創出→レポートやプレゼンテーション

に則って考える．

「情報の収集と整理」の段階で，ネットや大学・公共図書館の OPAC で「エネルギー問題」をキーワードに情報や書籍を検索すると，関連する情報が得られる．その中にエネルギーの種類がわかる情報もある．すなわち，エネルギーには，電気エネルギー，位置エネルギー，運動エネルギーなどがあり，相互に変換が可能である．中学校の理科の授業を思い出す．そして最も多く消費されているのが電気エネルギーであることに気付く．また，「問題発見」の段階で，解決すべき問題が「電気エネルギー」であることに行き着く．その後情報分析をさらに進めて，解決案を創出するのである．先を急ぐために，ここでの課題を「日本において進められている将来の電気エネルギーについてレポートを書くこと」と設定しよう．

このことについて，さらにネットや大学・公共図書館などで情報収集を進めると，スマートグリッドという新しい電力の創出と利用の仕組みがあることがわかってくる．スマートグリッドは，英語で smart grid（賢い電力網）と表記されていて，エネルギーの創出と利用の最適化を実現するための新しいシステムであり，次世代型の電力網として世界中で設置が進み，更なる研究が続けられている．日本でも，国や公共団体，電気機器や住宅など数多の産業がこぞってこの問題に取り組んでいることがわかってくる．

その一つ，2010 年 1 月に経済産業省が発表したスマートグリッドに関する試みを見てみよう（図 10.3「戦略的な国際標準化への取組の重要性とスマートグリッドにおける状況」）．

図 10.3 を眺めると，左から右方向に，いろいろな手段で電力が創出され，送配電網を通じて需要家に送られ利用されているのがわかる．その間に電力が蓄積されて消費されることもある．そしてこれら全体の電力系統を情報技術 IT が制御している．さらに詳しく眺めるとつぎのことがわかる．

①　**電力の供給**

電力の供給源として，火力，水力，原子力，風力による発電所，ガスタービンなどによる自家発電，家庭などにおける太陽光発電がある．この図には示されていないが，別の情報源から地熱発電や波動発電などもあることがわかった．規模については発電所等の大きなものから家庭などの小さなものまである．一方，太陽光パネルは夜間には発電できないし，風力発電は風がないと発電できない．ともに安定性が低い変動電源である．

②　**電力の蓄積**

電力そのものを蓄える手段として，家庭や自動車搭載の蓄電池が示されている．この図には示さ

10.4 豊かな情報社会実現のために

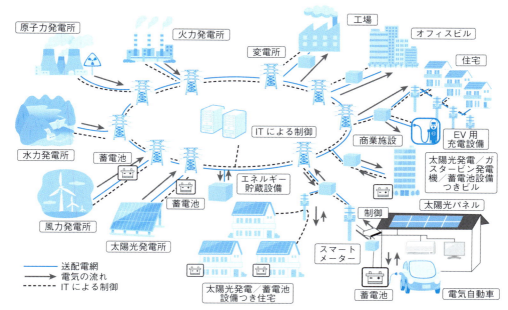

図 10.3 スマートグリッドにおける状況（経済産業省）

れていないが，このほかに，揚水発電もあることがわかった．これは中学校の理科で学んだ電気エネルギーと位置のエネルギーの相互変換の応用であることも理解できた．

③ 電力の需要

電力の需要については，図の右側に示されており，工場やオフィスビル，マンションなどの大口の需要家，家庭などがある．図には示されていないが，調査の結果，電車などの交通機関も大口の需要家であることがわかった．需要側では空調，照明，冷蔵庫などで省電力化が進められている．

④ 電力の需要，供給と蓄積のコントロール

一方，図 10.3 の電力系統に沿って点線で示されているのが情報の流れである．電気の流れに沿って情報の流れがあり，それを情報システムがコントロールするのである．系統全体を安定させて制御するのが，中央に描かれているITすなわち情報技術である．そして，この図全体がスマートグリッドと呼ばれている．

この例に見るように，課題解決の基盤には，必ず人間を含む情報システムが存在する．なぜなら，人間活動が情報活動であるので，その課題解決には情報が必須だからである．

ここで，電力に関する専門家集団：電気学会のウェブページを参照して，スマートグリッドをつぎのように考えていることがわかった．

「スマートグリッドは，広義には，エネルギーの安定供給，CO_2排出削減による環境適合，経済効率性の同時達成を目的として，「電気」の流れを「情報通信技術」を用いて「賢く」最適にコントロールする電力ネットワークと情報通信ネットワークの融合ネットワークのことを指す．」

これがスマートグリッドに対する一般的な定義と思われる．

それに対して，各地の自治体で，スマートグリッドの実証実験が行われていることがわかった．これらの実験ではその目的に，エネルギー自給率の向上，地域経済の活性化や災害に強い街づくり

第 10 章　情報リテラシの実践

などを加えている．また，産業でもそれぞれ独自の目的を加えた実証実験をしている．

　以上，「情報収集と整理」→「問題発見と情報分析」の過程での調査結果から「日本において進められている将来の電気エネルギーについて」のレポートは，その「解決案創出」の主要論点が「スマートグリッドの現状と将来」となりそうなことがわかった．一方，多様な電気エネルギーの参入とあいまって，電力の需要と供給ともに複雑になるので，それをきめ細かくコントロールするのは，容易でないこともうかがえた．

　こうした困難を克服するためにどんなことが考えられているのか，それには外国の事例や状況についても調査の対象にしなければならない．一方で，太陽から地球に降り注ぐエネルギーで人類が生存するに必要なエネルギーが賄えるのかという問題もありそうである．以下，これまで学んだ情報リテラシでの問題解決手順：

　　　　　情報収集と整理→問題発見と情報分析→解決案創出

を繰り返し適用して，解決案に近づくのである．つまり，思考と判断の連鎖が解決案を導く，その過程で得られる新たな知見が次の思考への糧となる．思考，判断と表現で壁に突き当たり突破することが知的活動の醍醐味であることが理解できればこれに勝るものはないといえる．

10.4.2　豊かな情報社会実現のために

　未来を希望の持てる豊かな情報社会にするために，われわれがどのような行動を取るべきか考えよう．

　情報社会では，日常生活空間やネット空間（サイバーネットとも呼ばれる）に情報が溢れ，検索によって，一見有用と思われる解答が得られることもある．しかし，本書で繰り返し学んだとおり，情報は誰かが何かの目的で発信したものであり，時には操作やねつ造がなされていることもある．特にネット上の情報は常に変化すると考えなければならない．このような環境下で，正しいと考えうる情報に到達するにはどうすればよいか．それには，自ら情報を収集・選択し，分析すること，突き詰めて言えば自分で考えることが大切である．つまり，情報に基づいて，思考し判断し表現することが重要である．本書で学び身につけた，情報リテラシ，つまり思考力・判断力・表現力が基盤となるのである．

　折しも 2015 年 6 月に，公職選挙法等の一部を改正する法律が成立し，選挙年齢が 18 歳に引き下げられた．選挙権が与えられたことは，社会参加という意味で喜ばしいことであるが，一方で社会に対して責任を持つと言うことでもある．選挙になると聞き心地の良い声が大きくなる．今後はネットを利用した選挙も本格化すると思われる．そのようななかで重要な判断をしなければならない．他人の意見や声を鵜呑みにしたり流されたりすることなく，自分で考え自分で判断して，自分の意思を一票という形で表現するのである．若者の政治離れなどのために，将来を託すべき若い世代の意見が必ずしも政治に反映されていないと言われている．一方でビッグデータやロボットなどの情報化社会の更なる進展が人間社会の利便性を向上させるとともにリスクも拡大させる．こうしたことを突き詰めれば，豊かな情報社会を実現するためには，社会を構成する一人ひとりが，正しいと思われる情報を得て判断し，表現していくことがいかに大切か理解できると思われる．地域や国，地球，宇宙を持続させ，次の世代に継承する責任は，為政者にあるのではない．民主主義社会

10.4　豊かな情報社会実現のために　171

では，責任は市民一人ひとりにあることを忘れないようにしよう．

● 忘れられる権利（消去権）●

　忘れられる権利という言葉は，まだ耳慣れないと思われるが，「個人が，個人情報などを収集した企業や自治体等のデータ管理者に，データの消去を求めることができる権利（rights to be forgotten）のことである．

　2011 年 11 月，フランスの女性がグーグルに対して，過去のヌード写真の消去を訴えて勝訴した．これをきっかけに欧州委員会が「EU データ保護規則案」において忘れられる権利を提案し（2012 年），2014 年にこれを消去権（right to erase）という名に改めて現在に至っている．

　ネットにあがった情報は，どこかにほぼ永久に残る．現在 face book，ブログなどにより発信された膨大な個人の情報がネット上に存在する．そのような情報が個人と紐づけられる（統合される）と個人のプロファイルが浮き彫りになるとともに，過去のことも明らかになる．時にはそれが風評や個人攻撃のもとになることもある．リベンジポルノはその一例である．消去法は個人に関するこうした情報を消去させる権利，更なる拡散を停止させる権利および第三者にリンクなど関連付けを削除させる権利を規定している．

　ただし，日本では，きっちりと法制化されていないのが現状である．このことを前提に，自他の情報開示には慎重でありたいものである．

演習問題

1. 個人情報を漏洩させないために，日頃実践していることがらを，学生同士で話し合ってみよう．
2. 東日本大震災のときに機能不全に陥った重要インフラとその影響について調べてみよう．
3. 「参加型民主主義」とはどのようなものか，また欧州での活動について調べてみよう．
4. 個人を識別する個人番号（マイナンバー）と，共通商品コード（JAN コード）の役割の類似点を調べてみよう．
5. 図書館での閲覧記録は，機微情報（要配慮情報）に該当するか，調べてみよう．
6. 日本に降り注ぐ太陽からのエネルギーで，日本の全エネルギーがまかなえるか否かの試算はあるだろうか．調べてみよう．
7. 10.4 節で採り上げた徳島県上勝町は，地域興しのために，他にどんな事柄に取り組んでいるか調べ，狙いや実態，持続性について議論してみよう．
8. 個人番号の第一の目的に行政の効率化を上げている．効率化による費用の削減目標金額を調べてみよう．

文献ガイド

［1］　情報システム学会：『新情報システム学序説』，情報システム学会，2014.
［2］　名和小太郎：『個人データ保護：イノベーションによるプライバシー像の変容』，みすず書房，2008.
［3］　八木晃二編著：『マイナンバー法のすべて：身分証明，社会保障からプライバシ保護まで，共通番号制度のあるべき姿を徹底解説』，東洋経済新報社，2013.
［4］　鈴木みどり編：『Study guide メディア・リテラシ入門編 新版』，リベルタ出版，2004.
［5］　菅谷明子：『メディア・リテラシ：世界の現場から』，岩波書店，2000.
［6］　ニュートンプレス：『クリーンで無尽蔵：今こそ新エネルギー—風力，太陽光，小水力—その真の実力に

迫る！』，Newton，2014 年 08 月号，2014.

[7] （一般社団法人）情報システム学会のウェブページ「学会概要」：
http://www.issj.net/gaiyou/gaiyou.html 参照日：2019/03/28

[8] 魚田勝臣編著，渥美幸雄，植竹朋文，大曽根匡，森本祥一，綿貫理明著：『コンピュータ概論—情報システム入門 第 7 版』，共立出版，2017.

[9] 山田利明他編著：『エコロジーをデザインする—エコ・ソロフィの挑戦』，春秋社，2013.

[10] 三橋一彦：マイナンバー制度の現状と将来について（2017 年 3 月 講演資料）
https://www.cao.go.jp/bangouseido/pdf/20170314siryou_00-03.pdf 参照日：2019/04/08

[11] ゼロウエイストアカデミー
http://zwa.jp/ 参照日：2019/03/31

[12] 田場盛裕：戦略的な国際標準化への取組の重要性とスマートグリッドにおける状況
http://www2.iee.or.jp/ver2/honbu/jec/jec100/doc/jec100-13.pdf 参照日：2019/04/01

索　引

〈欧文索引〉

5W2H　34
Act　24
Check　23
CSI（Communication Style Inventory）
　　19
Do　23
facilitation　23
facilitator　23
KJ 法　64
OECD8 原則　161
OPAC　37
PDCA（Plan-Do-Check-Act）　5
PDCA サイクル　5,23
PDF（Portable Document Format）
　　96
PDS（Plan-Do-See）　5
peer review　28
Plan　23
Poster session　99
PowerPoint　99
RFID　72
Right to be let alone　161
SNS　166
transactional analysis　19
Web 検索　34
Web ページ　46

〈和文索引〉

ア

アイスブレイク　21
アイデア発想型　18,37
あいまいな数量表現　93
アイランド型　20
アウトライン　112
悪定義問題　56
頭の体操　127
アニメーション効果　113
アニュアルレポート　82
アブストラクト　82
アプリケーション　5
アレックス・オズボーン　64
アンケート　34

イ

意識改革　129
位置エネルギー　168
因果関係　57,142
印象深さ　100
インタビュー　34,42
インデント　101
引用　11,86
引用方法　86

ウ

運動エネルギー　168

エ

エネルギー自給率の向上　169
円グラフ　106
演繹法　50,140

オ

扇形　20
帯グラフ　106
オリジナリティ　82
折れ線グラフ　105
音響効果　113

カ

回帰直線　107
解決案　74
解決案の評価　129
科学的思考法　50
学事暦　5
重ねる　103
箇条書き　100
箇条書きスタイル　101
箇条書きの利用　92
仮説　55
仮説検証　50,55
課題否認方式　132
価値論題　126
家庭系ごみ　39

キ

かな漢字変換機能　91
上勝町　167
川喜田二郎　64
感情表出　19
ガントチャート　26
関連研究　83
関連性　71

キ

企画会議　98
帰納法　50,140
機微情報　160
究極の個人情報　160
教育的ディベート　126
教育目的の複製　11
行政の効率化　164
近似曲線　106

ク

空間配置　70
具体値　76
グラフ　103
グラフのトリック　109
繰り返し発表練習　118
クリティカルシンキング　166
グループ化　68

ケ

傾聴力　122
結論　84
研究発表会　98
研究レポート　82
言語的モデル　53
検索エンジン　4
現代型プライバシ侵害＝情報収集型侵
　　害　161
憲法 13 条　163
減量化　129

コ

梗概　82
公開の原則　162
講義　99
肯定側　122

索引

肯定側の最終弁論　137,156
肯定側の反対尋問　137,154
肯定側の立論構成　129
肯定側立論　146
口頭発表　118
購買性向　159
公平・公正な社会の実現　163
交流分析　19
声　118
国民の利便性の向上　164
個人活動報告　28
個人情報　162
個人情報保護法　161
個人番号カード　164
古典的プライバシ権　161
コピーアンドペースト　12
ゴミゼロ運動　167
ごみ総排出量　42
ごみの分類　39

サ

災害に強い街づくり　169
最終弁論　125
再生可能エネルギー　111
財政負担軽減　129
審判団の判定　125
サステナブル　8
雑誌・論文　46
サブリーダー　114
三段論法　138
散布図　60,106
三位一体の取り組み　167
三角ロジック　140

シ

司会者　124
事業系ごみ　39
仕切る　103
自己主張　19
自己の情報をコントロールする権利
　　161
字下げ　101
事実論題　126
指示棒　118
視線　118
持続可能　8
シナジー効果　17
氏名表示権　13
社会人基礎力　4
社会調査法　50
謝辞　84
集合棒グラフ　105
収束型発想法　64

重文　91
住民基本台帳カード　163
主題と結論　111
出典を明記　113
循環型社会　40
情熱　118
情報　2
情報活動　2
情報技術　3
情報源　35
情報弱者　10
情報収集　33
情報提供等記録開示システム　164
情報の収集と分析　55
情報の確度・信頼性　36
情報の分析　49
情報リテラシ　1
情報リテラシ6項目　3
情報倫理　9
書式ファイルの作成と配布　96
処理フロー　40
序論　83
新規性　82
人事評価　82
進捗　28
審判団　122,124
新聞記事　47

ス

推敲　85
数量的モデル　53,56
スケジュール管理　6
ステークホルダ　165
図表番号の付与基準　94
スマートグリッド　168,169
スライド　112
スライドの分量　113

セ

政策論題　126
成績評価　82
正の相関　106
製品説明会　98
政府刊行物　35
制約条件　56,65,73
説得力　100
ゼロ・ウェイスト宣言　167
先行研究　83

ソ

相乗効果　17
想定問答　124
ソーシャルネットワーキングサービス

　　166
属性　76
属性列挙法　76
そっとしておいてもらう権利　161
ソフトウェア　5

タ

対案　132
対案提示方式　132
体言止め　113
太陽光発電システム　77
他己紹介　22
段落　84,89

チ

地域経済の活性化　169
チームビルディング　18
チームリーダー　114
チェックリスト法　76
知的財産権　12
チャート　103
チャート化　103
兆候　142
調査リスト　44
調査レポート　82
長文の回避　91
著作権　12
著作権法第32条の1　86
著作財産権　13
著作人格権　13
著作物　12
著作隣接権　13

ツ

通知カード　164
包む　103
つなぐ　103
積み上げ棒グラフ　105

テ

出会いの段階　21
提示案否認方式　132
定性的　65
ディベート　121
ディベート会場の設定例　124
ディベート型　20
ディベートの模様　146
ディベートのルール　122
定量的　65
データ　138
テーブルのレイアウト　20
電気エネルギー　168

ト

同一性保持権　13
同音異義語　91
動画共有サイト　166
動作の足し算　22
読点の使い方　92
堂々とした姿勢　118
道徳　9
特性要因図　53
匿名加工情報　160
図書　46
トレードオフ　3,57

ナ

内閣府世論調査　165
ナンバリング　101

ニ

2軸グラフ　108
二重否定の回避　93
日本の個人情報保護　161

ネ

ネットは忘れない　159
ネットワークメディア　166
年次事業報告書　82

ハ

バーコード　72
バージョン管理　96
パーソナルデータ　160
パーソナルメディア　167
白書　35
発散型手法　64
発想法　51,64
発表能力　122
パラグラフ　84,89
番号付け　101
番号法　163
番号利用法　163
反対尋問　124
反対尋問の応答　137
判定用シート　125

ヒ

ビジュアル化　100,102
筆者名の表示と順序　96
否定側　122
否定側の最終弁論　137,156
否定側の反対尋問　137,153
否定側立論　149
ひとりKJ法　9

ひとりブレインストーミング　9
非人称名詞　87
評価　28
評価尺度　65,74,129
剽窃　11
費用と効果　165

フ

ファイル名の付与基準　96
ファシリテーション　23
ファシリテータ　23,66
フィールドワーク　34,42
フィッシュボーン　53
複文　91
付箋紙　66
負担公平性　129
物質フロー　40
負の相関　106
プライバシ　161
プライバシ情報　163
プライバシの権利　161
プライバシ保護　163
プラスチックごみの漂流と漂着　8
ブレインストーミング　64
ブレークダウン　52
プレート　66
プレゼンテーション　97
プロジェクト定義書　24
プロジェクトリーダー　28
文献一覧　87
文献調査　34
文献リスト　46

ヘ

ヘイトスピーチ　10
ベン図　139

ホ

棒グラフ　105
放送法　165
報・連・相　28
ポスターセッション　99
ボディーランゲージ　21
本論　83

マ

マイナンバー　163
マイナンバー法　163
マイポータル　164
マインドマップ　53
マスメディア　165
間違い探し自己紹介　22

ミ

身振りを入れて発表　118
身分証明書　164

メ

メディア　165
メディア教育の制度化　166
メディアリテラシ　165
面接　98

モ

文字の大きさ　113
模造紙　66
問題　51
問題解決型　18,37

ヨ

要配慮情報　160
要約　82

リ

利害関係者　165
理解度のレベル　111
リサイクル　40,42,58
リスク　159
立論　124
リデュース　40,42,58
リベラルアーツ　3
リユース　40,58
利用規約　162
良定義問題　56
倫理　9
倫理綱領　10

ル

類推　142

レ

レーダーチャート　108
レジュメ　112
レビュー　94

ロ

ロジカル・シンキング　54
ロジック・ツリー　54
ロバート・クロフォード　76
論題　122
論題のタイプ　126
論理　138
論理的思考　54
論理的思考能力　122

176　索　引

ワ

わかりやすさ　100

【編著者略歴】

魚田勝臣（うおた かつおみ）
1962 年 大阪府立大学工業短期大学部卒業
1985 年 慶應義塾大学，工学博士
三菱電機(株)中央研究所・コンピュータ製作所・本社を経て
1989 年 専修大学経営学部教授
2009 年 専修大学名誉教授

【著者略歴】

渥美幸雄（あつみ ゆきお）
1977 年 慶應義塾大学大学院修士課程修了
日本電信電話公社（現 NTT）電気通信研究所入社
1999 年 （株）NTT ドコモ・マルチメディア研究所入社
2002 年 広島市立大学大学院博士後期課程修了，博士（情報工学）
2003 年 専修大学経営学部助教授を経て
2006 年 専修大学経営学部教授，現在に至る

植竹朋文（うえたけ ともふみ）
2000 年 慶應義塾大学大学院理工学研究科（管理工学専攻）後期博士課程所定単位取得，博士（工学）
慶應義塾大学理工学部助手
2002 年 専修大学経営学部専任講師，同助教授を経て
2007 年 専修大学経営学部准教授
2010 年 専修大学経営学部教授，現在に至る

大曽根匡（おおそね ただし）
1984 年 東京工業大学大学院総合理工学研究科（システム科学専攻）博士課程修了，理学博士
（株）日立製作所システム開発研究所入社
1989 年 専修大学経営学部専任講師，同助教授を経て
1999 年 同教授，現在に至る

関根　純（せきね じゅん）
1982 年 東京大学大学院工学系研究科修士課程修了（計数工学専攻）
日本電信電話公社（現 NTT）横須賀電気通信研究所入社，博士（工学）
2005 年 株式会社 NTT データ技術開発本部へ転籍
2010 年 専修大学経営学部准教授を経て
2011 年 専修大学経営学部教授，現在に至る

永田奈央美（ながた なおみ）
2009 年 電気通信大学大学院情報システム学研究科博士課程単位取得満期退学，博士（学術）
2009 年 電気通信大学 e ラーニング推進センター研究員，専修大学経営学部兼任講師を経て
2010 年 静岡産業大学情報学部講師
2017 年 静岡産業大学情報学部准教授
2019 年 静岡産業大学経営学部准教授，現在に至る

森本祥一（もりもと しょういち）
2001 年 埼玉大学大学院理工学研究科（情報システム工学専攻）博士前期課程修了，修士（工学）
日本電気航空宇宙システム(株)入社
2006 年 埼玉大学大学院理工学研究科（情報数理科学専攻）博士後期課程修了，博士（工学）
産業技術大学院大学産業技術研究科研究員，同助教を経て
2009 年 専修大学経営学部専任講師
2011 年 専修大学経営学部准教授
2017 年 専修大学経営学部教授，現在に至る

グループワークによる情報リテラシ
──情報の収集・分析から，論理的思考，課題解決，情報の表現まで──
〈第 2 版〉

Information Literacy Attained Through Group Works: Information Gathering and Analysis, Logical Thinking, Problem Solving, Presentations 2nd ed.

2015年10月15日　初　版　第 1 刷発行
2019年 3 月10日　初　版　第 5 刷発行
2019年10月15日　第 2 版　第 1 刷発行
2022年 9 月15日　第 2 版　第 3 刷発行

検印廃止
NDC 007
ISBN978-4-320-12451-6

編著者　魚田勝臣　© 2019
発行者　共立出版株式会社／南條光章
東京都文京区小日向 4-6-19
電話　東京(03)3947 局 2511 番
〒112-0006／振替 00110-2-57035 番
www.kyoritsu-pub.co.jp

印　刷
製　本　藤原印刷

一般社団法人
自然科学書協会
会員

Printed in Japan

JCOPY ＜出版者著作権管理機構委託出版物＞
本書の無断複製は著作権法上での例外を除き禁じられています．複製される場合は，そのつど事前に，出版者著作権管理機構（ＴＥＬ：03-5244-5088，ＦＡＸ：03-5244-5089，e-mail：info@jcopy.or.jp）の許諾を得てください．

編集委員：白鳥則郎（編集委員長）・水野忠則・高橋　修・岡田謙一

未来へつなぐ デジタルシリーズ

21世紀のデジタル社会をより良く生きるための"知恵と知識とテーマ"を結集し，今後ますますデジタル化していく社会を支える人材育成に向けた「新・教科書シリーズ」。

❶ インターネットビジネス概論 第2版
片岡信弘・工藤　司他著・・・・・・・・208頁・定価2970円

❷ 情報セキュリティの基礎
佐々木良一監修／手塚　悟編著・・244頁・定価3080円

❸ 情報ネットワーク
白鳥則郎監修／宇田隆哉他著・・・・208頁・定価2860円

❹ 品質・信頼性技術
松本平八・松本雅俊他著・・・・・・・・216頁・定価3080円

❺ オートマトン・言語理論入門
大川　知・広瀬貞樹他著・・・・・・・・176頁・定価2640円

❻ プロジェクトマネジメント
江崎和博・髙根宏士他著・・・・・・・・256頁・定価3080円

❼ 半導体LSI技術
牧野博之・益子洋治他著・・・・・・・・302頁・定価3080円

❽ ソフトコンピューティングの基礎と応用
馬場則夫・田中雅博他著・・・・・・・・192頁・定価2860円

❾ デジタル技術とマイクロプロセッサ
小島正典・深瀬政秋他著・・・・・・・・230頁・定価3080円

❿ アルゴリズムとデータ構造
西尾章治郎監修／原　隆浩他著・・160頁・定価2640円

⓫ データマイニングと集合知 基礎からWeb,ソーシャルメディアまで
石川　博・新美礼彦他著・・・・・・・・254頁・定価3080円

⓬ メディアとICTの知的財産権 第2版
菅野政孝・大谷卓史他著・・・・・・・・276頁・定価3190円

⓭ ソフトウェア工学の基礎
神長裕明・郷　健太郎他著・・・・・・202頁・定価2860円

⓮ グラフ理論の基礎と応用
舩曳信生・渡邉敏正他著・・・・・・・・168頁・定価2640円

⓯ Java言語によるオブジェクト指向プログラミング
吉田幸二・増田英孝他著・・・・・・・・232頁・定価3080円

⓰ ネットワークソフトウェア
角田良明編著／水野　修他著・・・・192頁・定価2860円

⓱ コンピュータ概論
白鳥則郎監修／山崎克之他著・・・・276頁・定価2640円

⓲ シミュレーション
白鳥則郎監修／佐藤文明他著・・・・260頁・定価3080円

⓳ Webシステムの開発技術と活用方法
速水治夫編著／服部　哲他著・・・・238頁・定価3080円

⓴ 組込みシステム
水野忠則監修／中條直也他著・・・・252頁・定価3080円

㉑ 情報システムの開発法：基礎と実践
村田嘉利編著／大場みち子他著・・200頁・定価3080円

㉒ ソフトウェアシステム工学入門
五月女健治・工藤　司他著・・・・・180頁・定価2860円

㉓ アイデア発想法と協同作業支援
宗森　純・由井薗隆也他著・・・・・216頁・定価3080円

㉔ コンパイラ
佐渡一広・寺島美昭他著・・・・・・・174頁・定価2860円

㉕ オペレーティングシステム
菱田隆彰・寺西裕一他著・・・・・・・208頁・定価2860円

㉖ データベース ビッグデータ時代の基礎
白鳥則郎監修／三石　大他編著・・280頁・定価3080円

㉗ コンピュータネットワーク概論
水野忠則監修／奥田隆史他著・・・・288頁・定価3080円

㉘ 画像処理
白鳥則郎監修／大町真一郎他著・・224頁・定価3080円

㉙ 待ち行列理論の基礎と応用
川島幸之助監修／塩田茂雄他著・・272頁・定価3300円

㉚ C言語
白鳥則郎監修/今野将編集幹事・著 192頁・定価2860円

㉛ 分散システム 第2版
水野忠則監修／石田賢他他著・・・・268頁・定価3190円

㉜ Web制作の技術 企画から実装，運営まで
松本早野香編著／服部　哲他著・・208頁・定価2860円

㉝ モバイルネットワーク
水野忠則・内藤克浩監修・・・・・・・276頁・定価3300円

㉞ データベース応用 データモデリングから実装まで
片岡信弘・宇田川佳久他著・・・・・284頁・定価3520円

㉟ アドバンストリテラシー ドキュメント作成の考え方から実践まで
奥田隆史・山崎敦子他著・・・・・・・248頁・定価2860円

㊱ ネットワークセキュリティ
高橋　修監修／関　良明他著・・・・272頁・定価3080円

㊲ コンピュータビジョン 広がる要素技術と応用
米谷　竜・斎藤英雄編著・・・・・・・264頁・定価3080円

㊳ 情報マネジメント
神沼靖子・大場みち子他著・・・・・232頁・定価3080円

㊴ 情報とデザイン
久野　靖・小池星多他著・・・・・・・248頁・定価3300円

続刊書名

・コンピュータグラフィックスの基礎と実践

・可視化

（価格，続刊署名は変更される場合がございます）

【各巻】B5判・並製本・税込価格

共立出版　　www.kyoritsu-pub.co.jp